Computer-Mathe
—
Mathematik-Aufgaben mit Matlab / GNU Octave lösen

Edgar Seemann

2. Mai 2020

Vorwort

Das Ziel dieses Buches ist es, den Leser in die Lage zu versetzen mathematische Probleme mit dem Computer zu lösen.

Die Nutzung mathematischer Software hat vielfältige Vorteile. So rechnet der Computer fehlerfrei und kann auch Resultate sehr aufwändiger Aufgaben, z.B. großer linearer Gleichungssysteme in Sekundenschnelle ermitteln. Im Gegensatz zu einem Taschenrechner lassen sich Berechnungen in ihrer Gesamtheit in einer Textdatei spezifizieren, abspeichern und z.B. wiederholt mit verschiedenen Zahlenwerten durchführen. Zudem lassen sich Zahlen, Zahlenreihen und Funktionen anschaulich visualisieren.

Im Buch sollen aber nicht nur die mathematischen Befehle der Software-Pakete Matlab und GNU Octave erklärt werden. Ziel ist es diese Befehle mit dem bestehenden, mathematischen Grundverständnis zu verknüpfen und auf diese Weise die eigenen Kenntnisse zu festigen. Nur wenn ein Verständnis für die Problemstellung vorhanden ist, lassen sich sinnvolle Berechnungen durchführen. Wir werden dabei nicht auf alle, aber die wichtigsten mathematischen Hintergründe eingehen und diese nochmal anhand von Beispielen in Matlab erklären.

Matlab ist nicht nur ein erweiterter Taschenrechner, sondern bietet eine vollständige Programmiersprache, mit welcher man jede Art von Berechnung und jeden mathematischen Algorithmus implementieren kann. Im Rahmen dieses Buches erklären wir kurz die zugehörigen Programmstrukturen bis hin zur Erstellung eigener Anwendungen mit grafischer Benutzeroberfläche.

Inhaltsverzeichnis

Vorwort   i

1 Einführung   1
- 1.1 Motivation 1
- 1.2 Verständnis noch nötig? 2
- 1.3 Mathematische Software-Pakete 3
  - 1.3.1 Matlab vs. Octave 4
- 1.4 Aufbau dieses Buchs 5

I Einführung in Matlab und Octave   7

2 Rechenoperationen und elementare Funktionen   9
- 2.1 Grundrechenarten 9
  - 2.1.1 Kommazahlen und Konstanten 10
- 2.2 Ausgabeformat von Zahlen 11
- 2.3 Variablen 12
- 2.4 Elementare Funktionen 13
- 2.5 Maschinen-Genauigkeit 14
- 2.6 Zahlenreihen 15
- 2.7 Operatoren auf Zahlenreihen 16
- 2.8 Vektoren 17
- 2.9 Matrizen 18
  - 2.9.1 Erzeugung spezieller Matrizen 19

	2.10	Operationen mit Vektoren und Matrizen	20
		2.10.1 Addition und Subtraktion	20
		2.10.2 Multiplikation mit einem Skalar	20
		2.10.3 Matrix-Multiplikation	21
		2.10.4 Elementweise Multiplikation zweier Matrizen	21
		2.10.5 Transponieren einer Matrix	21
		2.10.6 Zugriff auf Einträge	22
		2.10.7 Vergleiche	24
	2.11	Texte	24

3 Die Matlab-Benutzeroberfläche   27

    3.1 Arbeiten mit dem Command Window 28
    3.2 Skripte 29
    3.3 Live-Skripte 31

4 Plots und Diagramme   33

    4.1 Einfache Plots 33
        4.1.1 Linienspezifikation 34
        4.1.2 Achsen 36
        4.1.3 Gitterlinien 37
        4.1.4 Achsenskalierung 38
    4.2 Plots mit mehreren Datenreihen 38
        4.2.1 Legende 39
    4.3 Mehrere Plots 40
        4.3.1 Sub-Plots 41
    4.4 Logarithmische Plots 43
        4.4.1 Die Befehle *logspace* und *linspace* 45
    4.5 Balkendiagramme 46
    4.6 3D-Plots 47

5 Kontrollstrukturen   49

    5.1 Bedingungen 49

5.2	Schleifen	51
	5.2.1 For-Schleife	51
	5.2.2 While-Schleife	52

6 Funktionen — 55

6.1	Lokale und Globale Variablen	57
6.2	Function Handles	58

II Aufgaben und Anwendungsbeispiele — 61

7 Lösen linearer Gleichungssysteme — 63

7.1	Darstellung von Gleichungssystemen	63
7.2	Ansatz über die inverse Matrix	64
7.3	Ansatz über Linksdivision	66
7.4	Stufenform und schrittweises Lösen eines LGS	67
7.5	LGS mit unendlich vielen Lösungen	69
	7.5.1 Homogene LGS	69
	7.5.2 Inhomogene LGS	71

8 Aufgaben in der Vektor- und Matrizenrechnung — 75

8.1	Skalar- und Kreuzprodukt von Vektoren	75
8.2	Betrag, Norm und Winkel zwischen Vektoren	76
8.3	Lineare Unabhängigkeit von Vektoren	77
8.4	Bestimmung eines Punkts auf einer Strecke	78
8.5	Schnitt zweier Ebenen	80
8.6	Abstand Punkt-Ebene und Gerade-Ebene	83
	8.6.1 Parallelität überprüfen	83
	8.6.2 Verbindungsvektor bestimmen	83
	8.6.3 Projektion auf Normalenvektor	84
8.7	Determinanten	84
8.8	Eigenwerte und Eigenvektoren	85

9 Rechnen mit Polynomen — 91

9.1	Auswertung von Polynomen	92
9.2	Nullstellen von Polynomen und Lösungen von Polynomgleichungen	93
9.3	Multiplikation und Division von Polynomen	94
9.4	Ableitungen und Integrale von Polynomen	95
9.5	Lineare Regression und Polynom-Regression	96
9.6	Partialbruchzerlegung	100
9.7	Sonstige Operationen	103
	9.7.1 Der Befehl *poly*	103
	9.7.2 Die Befehle *poly2sym* und *sym2poly*	104

10 Statistik und Zufall — 105

10.1	Mittelwert und Median	105
10.2	Maximum und Minimum	107
10.3	Varianz und Standardabweichung	108
10.4	Zufallszahlen	109

11 Symbolisches Rechnen — 113

11.1	Symbole und symbolische Ausdrücke	113
11.2	Gleichungen lösen	114
11.3	Gleichungssysteme lösen	116
11.4	Symbolisch differenzieren	118
11.5	Symbolisch integrieren	119

12 Differentialgleichungen — 123

12.1	Exakte Lösung von Differentialgleichungen	124
12.2	Numerische Lösung von Differentialgleichungen	127
	12.2.1 Annäherung mit dem Runge-Kutta-Verfahren	130
12.3	Numerische Lösung von DGL-Systemen	131
12.4	Numerische Lösung von DGL höherer Ordnung	132
12.5	DGL mit der Laplace-Transformationen lösen	135

III Eigene grafische Applikationen   **141**

13 Grafische Applikationen erstellen   **143**
  13.1 GUI Development Environment (GUIDE) 143
    13.1.1 Fenster-Initialisierung und Callback-Funktionen 146
    13.1.2 Callback-Funktionen erstellen 148
    13.1.3 Plots in Callback-Funktionen erstellen 150
    13.1.4 Callback-Funktionen für Maus-Ereignisse 150
  13.2 App Designer 150
    13.2.1 Auf Ereignisse reagieren 153
    13.2.2 Eigene Properties und Funktionen 154

A Appendix   **157**
  A.1 Fortgeschrittene Datenstrukturen 157
    A.1.1 Cell Arrays 157
    A.1.2 Strukturen 158

B Befehlsübersicht   **159**
  B.1 Zahlenreihen, Vektoren, Matrizen und Indizierung 159
  B.2 Operatoren 159
  B.3 Konstanten 159
  B.4 Befehle für Zahlen 160
  B.5 Befehle für Vektoren 160
  B.6 Befehle für Matrizen 160
  B.7 Befehle für Polynome 161
  B.8 Befehle für statistische Auswertungen 161
  B.9 Befehle für symbolisches Rechnen 161
  B.10 Befehle für Differentialgleichungen 162
  B.11 Befehle für Plots 162
  B.12 Kontrollstrukturen 162

Kapitel 1

Einführung

1.1 Motivation

Mathematische Problemstellungen treten in nahezu allen praktischen, technischen Anwendungen auf. In der Schule und im Studium sind die auftretenden Aufgabenstellungen meist noch überschaubar und werden oft so gewählt, dass sie mit Stift und Papier gelöst werden können.

Betrachtet man realistische Anwendungen, dann sind mathematische Modelle aber vielfach so komplex, dass sie nicht mehr sinnvoll von Menschen ausgewertet bzw. berechnet werden können. Dies gilt insbesondere für die Auswertung großer Datensätze, z.B. langer Messreihen, sowie für Optimierungs- und Simulationsverfahren.

Neben diesen komplexen Fragestellungen, für welche wir den Rechner zwingend benötigen, ist es selbstverständlich auch für kleinere Probleme zeitsparender, effizienter und vor allem weniger fehleranfällig die Berechnung mit dem Computer vorzunehmen.

Streng genommen sind bereits Taschenrechner kleine Computer, welche uns beim Lösen von Aufgaben behilflich sind. Für die Berechnung von Logarithmen-, Sinus-, Cosinus- oder Tangens-Werten müssten wir ansonsten in Wertetabellen nachschauen. An einigen Schulen werden auch grafische Taschenrechner eingesetzt. Diese erlauben es unter anderem den Verlauf mathematischer Funktionen darzustellen. Sogenannte CAS-Rechner, welche vorwiegend an technischen Hochschulen verbreitet sind, lassen sich für aufwändigere mathematische Probleme, z.B. dem Lösen von Gleichungssystemen, einsetzen.

Das Arbeiten mit Taschenrechnern ist allerdings in mehrerlei Hinsicht umständlich. Das liegt vor allem daran, dass Taschenrechner ein sehr beschränktes Anzeigefeld sowie begrenzte Speicher- und Kommunikationsmöglichkeiten haben. Ganz im Gegensatz dazu haben klassische Desktop- und Laptop-Computer große Bildschirme, riesige Speicher und um Größenordnungen schnellere Prozessoren. Um diese Rechner für Berechnungen einzusetzen, wird allerdings spezielle Mathematik Software benötigt.

In diesem Buch betrachten wir, wie wir Rechner effektiv für mathematische Berechnungen einsetzen können. Es soll aufgezeigt werden wie gängige Problemstellungen, die in Schule und Studium auftreten, mit Hilfe von Mathematik-Software bearbeitet werden können. Wir konzentrieren uns dabei auf die Software-Pakete Matlab der Firma MathWorks und auf das Open Source Programm GNU Octave.

1.2 Verständnis noch nötig?

Für Schüler und Studierende liegt einer der Vorteile der Nutzung solcher Software-Pakete darin, dass sie in Windeseile eigene Rechnungen per Computer überprüfen können. Zudem können aber auch mathematische Verfahren genutzt werden, deren konkrete Arbeitsweise dem Nutzer nicht vollständig bekannt ist. So lassen sich problemlos schwierige Gleichungen (z.B. Polynomgleichungen höherer Ordnung) oder Optimierungsprobleme (z.B. Lineare Regression) lösen, ohne dass man genau weiss, wie das zugrundeliegende Verfahren funktioniert und welche Rechenschritte genau vom Computer durchgeführt werden.

Einerseits ist dies großartig, denn es lassen sich auch sehr schwierige Probleme einfach mit dem Computer lösen. Die Gefahr dabei ist allerdings, dass der Computer als Black-Box verwendet wird und das Verständnis für mathematische Zusammenhänge auf der Strecke bleibt. Während die genaue Rechentechnik in der Computer-Mathematik tatsächlich eine deutlich weniger bedeutende Rolle einnimmt, bleibt das mathematische Verständnis aber von zentraler Wichtigkeit.

Als Nutzer sollte man stets ein Gefühl dafür haben, was hinter den Verfahren und Befehlen einer Mathematik-Software steckt. Ansonsten lassen sich die Ergebnisse oft nicht sinnvoll interpretieren. Als einfaches Beispiel könnte man z.B. Quadratische Gleichungen betrachten. In der Computer-Mathematik ist es nicht wichtig, die Lösungsformel auswendig zu kennen. Allerdings sollte man verstehen, dass eine solche Gleichung zwei, eine oder überhaupt keine Lösungen hat. Schließlich hängt davon ab, in welcher Form man mit diesen Werten weiter rechnen kann und welche Sonderfälle zu beachten sind.

Außerdem geht es in Anwendungen ja meist darum, dass man reale Probleme lösen möchte. D.h. das Schwierige ist die mathematische Modellierung der Fragestellung und die Auswahl des passenden Verfahrens zu deren Berechnung. Hat man dafür kein Verständnis, dann nützt auch der schnellste Rechner mit der besten Mathematik-Software nichts.

Mein Appell an alle Leser ist deshalb: Sehen Sie Mathematik-Software als Werkzeug, um aufwändige Rechnungen bequem auszuführen, versuchen Sie aber stets zu verstehen, wie die eingesetzen Befehle zumindest in ihren Grundzügen funktionieren. Nur dann können Sie deren Ergebnisse sinnvoll interpretieren und eventuelle Fehler in der Modellierung, Auswertung oder bei der Eingabe schnell erkennen und beheben.

1.3 Mathematische Software-Pakete

Für mathematisch technische Anwendungen existieren eine ganze Reihe beliebter Software-Pakete, welche es Nutzern erlauben komplexe Problemstellungen zu modellieren, zu berechnen oder auszuwerten. Bei den allermeisten praktischen Anwendungen bestehen solche Auswertungen und Berechnungen aus vielen Einzelschritten. Es ergibt sich dadurch eine systematische Abfolge von Schritten, welche mit Computer-Befehlen spezifiziert werden.

Eine Mathematik-Software ist deshalb eigentlich eine Programmiersprache, welche es erlaubt Daten einzugeben und über spezielle Befehle mathematische Verfahren auf diesen Daten durchzuführen. In vielen Anwendungen werden dabei die gleichen Verfahren immer wieder auf neue Datensätze angewandt. Über Programmier-Konstrukte wie Schleifen können solche Auswertungen dann auch vollständig automatisiert werden.

> **Merke**
> Eine Mathematik-Software ist auch immer eine Programmiersprache, welche bereits Computer-Befehle für gängige mathematische Rechenverfahren mitbringt.

Im Unterschied zu herkömmlichen Programmiersprachen wie C, C++, Java etc. beinhalten mathematische Programmiersprachen eine große Bibliothek an Befehlen für gängige Rechenverfahren. So gibt es z.B. Befehle

- Zum Lösen von Gleichungen und Gleichungssystemen
- Zur Berechnung von Ableitungen und Integralen
- Zur Berechnung statistischer Größen
- etc.

Neben der Berechnung und Auswertung von Daten stellt auch die Visualisierung von Daten und Ergebnissen ein wichtiges Anwendungsfeld mathematischer Software dar. Es existieren deshalb vielfältige Befehle um Daten in Form von Diagrammen oder Plots darzustellen.

Die gängisten mathematischen Software-Pakete sind aktuell

- Matlab
- GNU Octave
- Maple
- Mathematica
- Maxima
- R

- SciPy

Welches Software-Paket von Nutzern eingesetzt wird, hängt dabei oft vom Anwendungsgebiet ab. Matlab hat eine enorme Verbreitung in den Ingenieur-Wissenschaften z.B. im Maschinenbau. Maple, Mathematica oder Maxima werden stärker auf dem Gebiet der reinen Mathematik eingesetzt. "R ist demgegenüber in der Statistik und Stochastik führend und SciPy wird häufig in den Data Sciences zur Auswertung und Analyse großer Datenmengen verwendet.

Grundsätzlich hat jedes dieser Software-Pakete seine Stärken und Schwächen bzw. Funktionalitäten, welche es von den anderen Paketen absetzt. Der vielleicht wichtigste Unterschied zwischen den Software-Paketen ist ihre Lizenz. Matlab, Maple und Mathematica sind kommerzielle Produkte von Firmen. Zum Einsatz ist daher eine entsprechende kostenpflichtige Lizenz erforderlich. Octave, Maxima, R und SciPy sind hingegen freie Open-Source Software-Pakete, welche kostenlos eingesetzt werden können.

Der Fokus dieses Buchs liegt auf Matlab den Software-Paketen Matlab und GNU Octave. Beide Pakete sind weitgehend kompatibel zueinander und der Großteil der Beispiele in diesem Buch funktionieren sowohl mit Matlab als auch mit GNU Octave. In den folgenden Kapiteln schauen wir uns nun intensiv an, wie Matlab und GNU Octave funktionieren und wie man mathematische Probleme effizient damit lösen kann.

1.3.1 Matlab vs. Octave

Matlab wird von der Firma MathWorks entwickelt und hat eine enorme Bibliothek an spezialisierten Rechenverfahren aus allen Bereichen der Ingenieur-Wissenschaften (z.B. der Regelungstechnik, der Signal- und Bildverarbeitung etc.). Matlab besteht aus einem Hauptprogramm und vielen optionalen Zusatzpaketen, welche Toolboxen genannt werden.

Eine Einzelplatz-Lizenz von Matlab ist vergleichsweise teuer und kostet aktuell rund 800 Euro pro Jahr zur geschäftlichen Nutzung. Für Studierende und Heimanwender existieren vergünstigte Versionen. Viele Hochschulen haben Campus-Lizenzen erworben, welche es Studierenden erlaubt Matlab während des Studiums auf ihren eigenen Rechnern zu installieren.

Das Software-Paket GNU Octave ist ein freies Programm, welches dieselbe Syntax und die gleichen Befehle wie Matlab nutzt. Die Entwickler achten darauf, dass Octave Programme kompatibel zu Matlab sind. Die Funktionalität von GNU Octave und die verfügbaren Zusatzpakete sind allerdings nicht ganz so umfangreich wie bei Matlab.

Sowohl Matlab als auch GNU Octave können mit einer graphischen Benutzeroberfläche oder auf der Konsole genutzt werden. Die graphische Benutzeroberfläche von Matlab weist dabei ebenfalls einen deutlich größeren Funktionsumfang auf als die Oberfläche des freien Pendants GNU Octave.

1.4 Aufbau dieses Buchs

Um einen schnellen Einstieg in das Lösen mathematischer Aufgaben mit Matlab und Octave zu ermöglichen, ist dieses Buch in drei Teile unterteilt. In Teil 1 werden die Grundprinzipien der Software erklärt. Dabei lernt der Leser einfache Berechnungen mit Zahlen, Zahlenreihen, Vektoren und Matrizen durchzuführen. Erklärt wird zudem, wie man die Matlab Benutzeroberfläche effizient nutzt und Plots und Diagramme erstellt. Schließlich wird kompakt aufgezeigt, wie man mit Matlab umfangreichere mathematische Programme erstellen kann.

Im zweiten Teil widmen wir uns dann konkreten Anwendungsaufgaben. Dabei werden die folgenden mathematischen Gebiete behandelt:

- Aufgaben in der Vektor- und Matrizenrechnung
- Lösen linearer Gleichungssysteme
- Aufgaben mit Polynomen und rationalen Funktionen
- Aufgaben in der Statistik
- Lösen von Gleichungen und nicht-linearen Gleichungssystemen
- Lösen von Differentialgleichungen

Abschließend behandeln wir im dritten Teil, wie man mit Matlab eigene Applikationen mit einer grafischen Benutzeroberfläche erstellen kann.

Los geht's!

Teil I

Einführung in Matlab und Octave

Kapitel 2

Rechenoperationen und elementare Funktionen

Beim Start von Matlab oder GNU Octave öffnet sich standardmäßig eine interaktive Text-Konsole, in welche sich direkt mathematische Ausdrücke und Befehle eingeben lassen. Diese Konsole funktioniert nach dem sogenannten REPL-Prinzip (REPL=read evaluate print loop). D.h. der Computer wartet auf die Eingabe eines Ausdrucks oder Befehls und wertet diesen direkt nach dem Betätigen der Eingabetaste aus.

Mit Matlab lassen sich auch komplexere Programme mit Hilfe von Skript- und Funktions-Dateien erzeugen. Wie dies funktioniert, wird aber erst in späteren Kapiteln behandelt.

Um die Inhalte der folgenden Abschnitte besser zu verstehen und mit Matlab vertraut zu werden, empfiehlt es sich, die angegeben Beispiele selbst in der interaktiven Konsole von Matlab auszuprobieren. Nur durch Lesen lässt sich Matlab nicht effektiv lernen.

2.1 Grundrechenarten

Die Grundrechenarten können in Matlab direkt über die zugehörigen Operatoren eingegeben werden. Diese sind

- $+$ bzw. $-$ für die Addition und Subtraktion, z.B. 3+5 oder $8-6$
- $*$ bzw. / für die Multiplikation und Division, z.B. $2*13$ oder $6/4$
- ˆ für das Potenzieren a^b, z.B. 2ˆ3

Die Reihenfolge der Auswertung von Rechenausdrücken orientiert sich selbstverständlich an den mathematischen Regeln. Insbesondere gilt die Regel: Punkt vor Strich. D.h. beim Ausdruck

```
3+4*2-3
```

rechnet der Computer zunächst 4*2 und führt anschließend die Addition und Subtraktion von links nach rechts aus. Klammern können wie üblich dazu verwendet werden, um Operationen zu gruppieren. Soll z.B. in obigem Ausdruck zuerst 3+4 berechnet werden, dann fügt man eine entsprechende Klammerung ein:

```
(3+4)*2-3
```

Nun wird erst das Resultat der Klammer berechnet bevor die Multiplikation ausgeführt wird. Selbstverständlich ändert sich dadurch das Ergebnis.

Bei Berechnungen kann eine fehlende Klammerung schnell zu ungewünschten Ergebnissen führen. Will man z.B. die dritte Wurzel der Zahl 8 berechnen, so kann man dies durch Potenzieren mit dem Bruch $\frac{1}{3}$ erreichen:

```
8^(1/3)
```

Das Ergebnis ist die Zahl 2. Der selbe Ausdruck ohne Klammern

```
8^1/3
```

entspricht mathematisch dem Term $\frac{8^1}{3}$ und hat das Ergebnis $2,6667$.

Zusammenfassung: Auswertungsreihenfolge

Die Auswertung mathematischer Operationen geschieht in der folgenden Reihenfolge:

1. Potenzen (^)
2. Produkte, Quotienten (*,/)
3. Summen und Differenzen (+,-)

Ausdrücke mit Operatoren gleicher Priorität, z.B. mit mehreren Plus- oder Minuszeichen, werden von links nach rechts ausgewertet.
Mit Klammern lassen sich Operationen gruppieren, so dass die Klammer zuerst ausgewertet wird.

2.1.1 Kommazahlen und Konstanten

Eine Kommazahl wird bei Computer-Algebra-Programmen stets in der amerikanischen Schreibweise angegeben. Im englischen Sprachraum verwendet man einen Dezimalpunkt (floating point) anstatt eines Kommas.

Beispiel:

```
2.5*4
```

Das Komma, hingegen, dient in Matlab als Trennzeichen bei verschiedenen Ausdrücken. Zu Beginn führt diese unterschiedliche Schreibweise häufig zu kleinen Tippfehlern, man gewöhnt sich aber schnell daran.

Die Konstante π wird häufig für Rechnungen benötigt. In Matlab ist die Konstante deshalb unter dem reservierten Ausdruck *pi* hinterlegt. Mit diesem kann wie mit jeder anderen Zahl umgegangen werden, z.B.

```
3*pi
```

Matlab enthält keine Konstante e für die Euler'sche Zahl. Mehr dazu, im Abschnitt über die elementaren Funktionen. Matlab enthält aber zwei weitere Ausdrücke, welche bei Berechnungen auftreten können.

- NaN steht für "not a number" und entsteht bei undefinierten Ausdrücken z.B. 0/0

- Inf steht für "inifinty" also unendlich

> **Merke: Kommazahlen**
> Kommazahlen heißen im englischen Sprachraum *floating* **point** *numbers*. In mathematischen Software-Paketen werden deshalb Kommazahlen stets mit einem Punkt eingegeben, z.B. 2.8.

2.2 Ausgabeformat von Zahlen

Standardmäßig gibt Matlab Zahlen mit vier Nachkommastellen aus. Für die Zahl π erhält man z.B. den gerundeten Wert 3.1416. Manchmal benötigt man genauere Werte. Diese erhält man, indem man das Ausgabeformat umstellt. Dies geschieht über den Befehl *format*.

Beispiele

```
format('long');
pi % prints 3.141592653589793
format('short');
pi % prints 3.1416
format('bank');
pi % prints 3.14
format('rat');
pi % prints 355/113
```

Die Format-Option *bank* gibt, wie bei Geldbeträgen üblich, stets zwei Nachkommastellen aus. Die Option *rat* versucht Werte als möglichst einfache Brüche darzustellen. Für π ergibt sich Näherungsweise der Bruch $\dfrac{355}{113}$.

2.3 Variablen

Eine Variable erlaubt es Zwischenergebnisse unter einem bestimmten Namen zu hinterlegen und für zukünftige Berechnungen wiederzuverwenden.

Beispiel:

```
1  t=0.2; % Variable für eine Zeitdauer t
2  v=100; % Variable für eine Geschwindigkeit v
3  s=v*t; % Variable für eine Strecke s
```

Im obigen Beispiel werden zunächst die Werte 0.2 und 100 in den Variablen *t* und *v* für die Zeit und die Geschwindigkeit abgelegt. Diese werden dann in Zeile 3 verwendet, um die Strecke s zu berechnen.

> **Merke: Kommentare und Strichpunkte**
> Kommentare werden in Matlab mit dem Prozentzeichen eingeleitet. D.h. alle Zeichen, welche auf das Prozentzeichen folgen, werden von Computer ignoriert und dienen ausschließlich als Hinweise für den Benutzer.
> Eingabezeilen, welche mit einem Strichpunkt abgeschlossen werden, erzeugen keine Ausgabe in der interaktiven Konsole. Umgekehrt erzeugt jede Zeile ohne Strichpunkt automatisch eine Ausgabe in Matlab. Man sollte darauf achten nicht zu viele Ausgaben zu machen, da dies der Übersichtlichkeit schadet. Schließen Sie also möglichst viele Zeilen mit einem Strichpunkt ab.
> Gibt man in einer Zeile nur den Variablennamen an, so wird ebenfalls eine Ausgabe erzeugt:
>
> ```
> 1  t=0.2; % keine Ausgabe, da mit Strichpunkt
>       abgeschlossen
> 2  t % Ausgabe des Werts von t
> 3  u=0.3 % Zuweisung und Ausgabe des Werts 0.3
> ```

Variablennamen sollten so gewählt werden, dass eindeutig ist, welche Daten eine Variable enthalten. Im Zweifelsfall verwendet man lieber einen längeren Namen, z.B.

```
1  numberOfSamples = 110;
```

Bei der Zuweisung eines Werts zu einer Variable muss die Variable auf der linken Seite des Gleichheitszeichen stehen. Folgender Ausdruck ist nicht korrekt:

```
1  v*t=s; % FALSCH: Zuweisung ist stets von rechts nach links
```

Das Gleichheitszeichen (Zuweisung) in Matlab ist also nicht vollständig identisch mit einem mathematischen Gleichheitszeichen.

Folgende Zeilen überschreiben einen bestehenden Variablenwert für t mit einem neuen Wert. Beachten Sie dabei, dass der Computer Befehle Zeile für Zeile ausführt. Am Ende der Ausführung ist somit der Wert von t genau 0.4.

```
1  t=0.2;
2  t=0.4;
```

Der Computer schaut beim Ausführen von Befehlen niemals zurück. Nach der Ausführung von folgendem Code:

```
1  t=0.2;
2  v=100;
3  s=v*t; % s hat den Wert 20
4  v=200; % v wird verändert (sonst nichts)
```

hat s somit den Wert 20. Der Zusammenhang $s = v \cdot t$ gilt nur nach Ausführung von Zeile 3. Zeile 3 legt also insbesondere nicht fest, dass dieser Zusammenhang für das gesamte Programm gelten muss.

Bei einem Gleichheitszeichen führt Matlab stets eine einfache Zuweisung aus, welche den berechneten Wert rechts des Gleichheitszeichens der Variable links des Gleichheitszeichens zuweist.

Wird das Ergebnis einer Berechnung keiner Variable zugewiesen, so speichert Matlab das Resultat in der Variable *ans*.

Variable *ans*
Die Variable **ans** (kurz für englisch *answer*) enthält stets das letzte Ergebnis, welches nicht explizit einer anderen Variable zugewiesen wurde.
Beispiel:

```
1  5+3; % berechnet den Wert 8 und speichert ihn in der
          Variable ans
2  ans*2 % berechnet den Wert 16 und gibt diesen aus
```

2.4 Elementare Funktionen

Die elementaren mathematischen Funktionen z.B. Sinus, Cosinus, Wurzeln, Logarithmen etc. können über spezielle Funktionsbefehle berechnet werden. Die Bezeichnungen dieser Befehle leiten sich aus den Abkürzungen der englischen Begriffe ab:

- **log** für den Logarithmus zur Basis e
- **log2**, *log10* für die Logarithmen zur Basis 2 bzw. 10
- **exp** für die Exponentialfunktion e^x
- **sqrt** für die Quadratwurzel (square root)
- **sin, cos, tan** für Sinus, Cosinus und Tangens (Winkel im Bogenmaß)
- **sind, cosd, tand** für Sinus, Cosinus und Tangens (Winkel in Grad)

Die Berechnung der Funktionen für einen Wert erfolgt mit runden Klammern, z.B.

```
1  log10(1000)
2  exp(3.5)
3  sqrt(4)
```

Die Umkehrfunktionen der trigonometrischen Funktionen (Arkus-Sinus, Arkus-Cosinus und Arkus-Tangens) heißen:

- **asin, acos, atan** (Winkel im Bogenmaß)
- **asind, acosd, atand** (Winkel in Grad)

Beispiele:

```
1  sin(3/2*pi)
2  cosd(180)
3  acos(1/2*sqrt(2))
4  atand(1)
```

> **Bogenmaß bei trigonometrischen Funktionen**
> Die trigonometrischen Funktionen **sin, cos, tan, asin, acos, atan** erwarten Winkel im Bogenmaß. Wenn Winkel in Grad angegeben werden, dann erfolgt keinerlei Fehlermeldung, da die entsprechenden Werte aufgrund der Periodizität der Funktionen ebenfalls im Bogenmaß möglich wären. Es ergeben sich dann allerdings völlig falsche Werte.
>
> **Umwandlung von Winkeln**
> Winkel können mit Hilfe der Befehle *deg2rad* und *rad2deg* vom Grad- ins Bogenmaß und zurück umgerechnet werden.

Hinweis: Mathematisch sind die trigonometrischen Funktionen aufgrund ihrer Periodizität nicht auf Ihrem gesamten Definitionsbereich umkehrbar. Die Arkus-Funktionen in Matlab können daher auch nicht alle Winkel berechnen. Die Funktion tand z.B. liefert nur Werte zwischen $\pm 180°$. Es ist nicht möglich größere Winkel z.B. $210°$ zu erhalten. Diese Eigenschaft gilt auch für normale Taschenrechner.

Die Konstante e ist in Matlab nicht explizit hinterlegt. Man kann die Eulersche Zahl aber über die Exponentialfunktion berechnen, denn es gilt: $e = \exp(1)$

2.5 Maschinen-Genauigkeit

Taschenrechner und Computer können Kommazahlen nicht immer exakt darstellen. Insbesondere irrationale Zahlen, welche eine unendlich lange, nicht periodische Dezimalzahldarstellung haben, können nur näherungsweise im Speicher repräsentiert werden.

Auch bei Rechenoperationen können in jedem Schritt Rundungsfehler passieren. Mathematisch gilt z.B.

$$\pi - \left(\sqrt{\pi}\right)^2 = 0$$

Matlab rechnet aber:

```
pi - sqrt(pi)^2
   ans =
       4.440892098500626e-16
```

d.h. Matlab berechnet anstatt 0 den Wert $4.440892098500626 \cdot 10^{-16}$. Dieser Wert ist zwar sehr sehr klein, aber eben nicht genau 0.

Zusätzliche Rundungsfehler entstehen selbstverständlich auch, wenn man die gerundeten Zwischenergebnisse, welche Matlab ausgibt z.B. durch Kopieren und Einfügen wiederverwendet. Man sollte stattdessen Zwischenergebnisse in Variablen abspeichern und diese verwenden. Dazu eignet sich auch die Antwort-Variable *ans*.

Beispiel

```
format('long');
1/sqrt(2)
   ans =
       0.707106781186547
ans^2
   ans =
       0.500000000000000
0.707106781186547^2
   ans =
       0.499999999999999
```

In Zeile 2 berechnen wir den Wert von $\frac{1}{\sqrt{2}}$, welcher von Matlab als 0.707106781186547 ausgegeben wird. Wenn wir in Zeile 5 den Wert, welcher in der Variable *ans* abgelegt wurde quadrieren, so erhalten wir den korrekten Wert 0.5. Quadrieren wir in Zeile 8 hingegen den gerundeten Wert, welcher von Matlab ausgegeben wurde, dann erhält man den fehlerbehafteten Wert 0.499999999999999.

2.6 Zahlenreihen

Oft müssen Berechnungen auf einer ganzen Reihe von Daten ausgeführt werden, z.B. wenn man Messungen zu verschiedenen Zeitpunkten durchführt oder wenn man eine Funktion an mehreren Stellen auswerten möchte.

In Matlab lassen sich dazu Zahlenreihen erzeugen, indem man einen Start- und einen Endwert definiert. Dazwischen schreibt man als Trennzeichen einen Doppelpunkt.

Beispiel:

```
t = 1:10; % Zahlenreihe von 1 bis 10
```

Die Variable t enthält nach dem Aufruf eine Zahlenreihe mit den Zahlen zwischen 1 und 10. Zudem kann für jede Zahlenreihe eine Schrittweite definiert werden. Dazu wird in der Mitte eine weitere Zahl eingefügt, welche den Abstand der Zahlen angibt.

Beispiel:

```
t = 0:0.01:10; % t ist eine Zahlenreihe von 0 bis 10 mit
    Schrittweite 0.01
```

Die Variable *t* enthält somit Zahlen zwischen 0 und 10 im Abstand von 0.01, d.h. die Zahlen:

0, 0.01, 0.02, 0.03 ..... 9.98, 9.99, 10

Die elementaren Funktionen in Matlab können auch mit ganzen Zahlenreihen aufgerufen werden:

```
t = 0:0.01:2*pi; % t ist eine Zahlenreihe von 0 bis 2*pi mit
    Schrittweite 0.01
f = sin(t);
```

Die Variable f enthält dann eine Zahlenreihe mit den Funktionswerten der Sinus-Funktion für alle Zeitpunkte in der Variable t.

Merke: Befehle auf Zahlenreihen
Viele Befehle lassen sich in Matlab auf einzelnen Zahlenwerten oder ganzen Zahlenreihen aufrufen.
Bsp:

```
sind(30)
sind(0:10:360)
```

Als Resultat erhält man dann den entsprechenden Funktionswert bzw. eine Zahlenreihe an Funktionswerten.

2.7 Operatoren auf Zahlenreihen

Matlab erlaubt es ebenfalls Operationen elementweise auf ganzen Zahlenreihen durchzuführen. Um dies zu tun verwendet man den entsprechenden mathematischen Operator zusammen mit einem Punkt. Möchte man z.B. alle Werte einer Zahlenreihe quadrieren, dann benutzt man als Operator .^ anstatt eines einfachen ^:

```
t=1:10;
t.^2
```

Der Ausdruck t^2 ohne Punkt führt im Normalfall zu einer ungültigen Operation. Dies liegt daran, dass für Matlab Zahlenreihen auch Vektoren darstellen. Der Ausdruck t^2 wird dann als Vektoroperation interpretiert. Mehr dazu im Abschnitt über Vektoren und Matrizen.

Auch andere Operationen können explizit elementweise spezifiziert werden, z.B. .* oder ./. In vielen Fällen führt aber ein einfacher Operator ohne Punkt ebenfalls zum gewünschten Ergebnis. Nämlich immer genau dann, wenn die entsprechende Vektoroperation ebenfalls möglich ist und das selbe Resultat liefert.

Beispiel:

```
1  t=0:2:10 % Zahlenreihe zwischen 2 und 10 mit Schrittweite 2
2  t.*3
3  t*3
```

Hier haben t.*3 und t*3 das selbe Ergebnis. Um deutlich zu machen, wann eine Operation elementweise gedacht ist, empfiehlt es sich bei Zahlenreihen trotzdem zusätzlich den Punkt zu verwenden.

> **Merke: Elementweise Operationen auf Zahlenreihen**
> Stellt man einem mathematischen Operator (+,-,*,/,^) einen Punkt voran, so wird die Operationen auf jedem einzelnen Element der Zahlenreihe durchgeführt.
> Beispiel:
>
> ```
> 1  a = 1:3; % Zahlenreihe 1, 2, 3
> 2  a.^3 % ergibt die Zahlenreihe 1, 8, 27
> ```

2.8 Vektoren

Vektoren und Matrizen stellen Grunddatentypen und Matlab dar. Im Gegensatz zu herkömmlichen Programmiersprachen (z.B. Java, Python, C++) lassen sich deshalb Vektorberechnungen sehr einfach schreiben und durchführen.

Vektoren und Matrizen lassen sich aber nicht nur für Aufgaben in der Vektorgeometrie nutzen. Jede Datenreihe einer Messung kann als Vektor aufgefasst werden. Vektoren spielen deshalb in Matlab auch außerhalb der klassischen Vektorrechnung eine wichtige Rolle.

Ein Vektor wird mit eckigen Klammern definiert. Seine Zeilen werden mit einem Strichpunkt voneinander getrennt.

Beispiel:

```
1  [1;4;3] % Spaltenvektor
```

Obiges Beispiel erzeugt den 3D-Vektor $\begin{pmatrix} 1 \\ 4 \\ 3 \end{pmatrix}$. Matlab kann im normalen Befehlsfenster nur Text anzeigen. Der Vektor wird deshalb ohne umschließende Klammern ausgegeben.

Neben Spaltenvektoren, welche aus einer Spalte und mehreren Zeilen bestehen, können auch Zeilenvektoren definiert werden. Diese bestehen aus genau einer Zeile, aber mehreren Spalten. Als Trennzeichen zwischen den Einträgen wird dazu ein Leerzeichen verwendet.

```
1  [1 4 3] % Zeilenvektor
```

Alternativ ist es auch möglich mehrere Leerzeichen bzw. ein Komma als Trennzeichen zu nutzen, dies ist aber weniger üblich.

Matlab macht keinen Unterschied zwischen Zeilenvektoren und Zahlenreihen. Jede Zahlenreihe ist somit auch ein Zeilenvektor.

Beispiel:

```
v1=[2 4 6]
v2=2:2:6
```

Die Variablen *v1* und *v2* enthalten dieselben Werte und werden von Matlab identisch behandelt. Dies bedeutet insbesondere auch, dass wir Funktionen mit Vektoren aufrufen können. Schließlich sind Vektoren nichts anderes als Zahlenreihen.

Beispiele:

```
t = [4 9 16];
sqrt(t) % ergibt die Zahlenreihe/Zeilenvektor 2, 3, 4
t.^2 % ergibt die Zahlenreihe/Zeilenvektor 16, 81, 256
```

> **Zahlenreihen vs. Vektoren**
> Zahlenreihen und Zeilenvektoren werden von Matlab identisch behandelt. Eine Zahlenreihe ist somit auch ein Zeilenvektor und umgekehrt.

2.9 Matrizen

Eine Matrix ist ein Zahlenschema mit mehreren Zeilen und Spalten. Jeder Vektor stellt mathematisch auch eine Matrix dar. Ein Zeilenvektor ist beispielsweise eine Matrix mit nur einer Zeile. Ein Spaltenvektor stellt entsprechend eine Matrix mit nur einer Spalte dar. Streng genommen ist alles in Matlab eine Matrix.

Die meisten Befehle sind deshalb nicht nur für Zahlen, Zahlenreihen und Vektoren, sondern für Matrizen definiert. Ruft man z.B. die Funktion $sqrt$ auf einer Matrix auf, dann wird diese elementweise auf alle Einträge der Matrix angewandt. Man erhält als Resultat also eine Matrix, welche die Wurzelwerte der Einträge der Ursprungsmatrix enthält.

Die Schreibweise von Matrizen orientiert sich an der Schreibweise für Zeilen- bzw. Spaltenvektoren. Die Einträge innerhalb einer Matrix-Zeile werden deshalb analog zu den Zeilenvektoren mit einem Leerzeichen getrennt. Die Zeilen selbst werden analog zu Spaltenvektoren durch einen Strichpunkt getrennt.

Beispiel:

```
[1 2 3;4 5 6] % Matrix mit 3 Spalten und 2 Zeilen
```

Obiges Beispiel erzeugt die Matrix $\begin{pmatrix} 1 & 2 & 3 \\ 4 & 5 & 6 \end{pmatrix}$. Die Anzahl der Spalten muss in jeder Zeile übereinstimmen. Folgendes Beispiel erzeugt eine nicht gültige Matrix:

```
[1 2 3;4 5] % nicht gültig, da 2te Zeile nur 2 Spalten hat
```

Analog zu unserem Beispielen aus den vorigen Abschnitten lassen sich folgende Operationen auf Matrizen ausführen:

```
M = [1 4; 9 16]
sqrt(M) % ergibt die Matrix [1 2; 3 4]
M.^2 % ergibt die Matrix [1 16; 81 256]
```

2.9.1 Erzeugung spezieller Matrizen

Für Berechnungen werden in Anwendungen immer wieder spezielle Matrizen benötigt. Zur Erzeugung dieser Matrizen hat Matlab verschiedene Befehle:

- zeros(M,N) erzeugt eine $m \times n$-Matrix mit Nullen

- ones(M,N) erzeugt eine $m \times n$-Matrix mit Einsen

- eye(N) erzeugt eine $n \times n$-Matrix Einheitsmatrix mit Einsen auf der Hauptdiagonale

Beispiele:

```
m1=zeros(3,2);
m2=ones(2,5);
e3=eye(3);
```

- repmat(v,M,N) wiederholt die Variable v in einem Matrix-Schema, d.h. v wird m-mal in vertikaler und n-mal in horizontaler Richtung wiederholt. repmat steht kurz für englisch "repeat matrix".

Beispiele:

```
m1=repmat(pi, 2,2) % Wiederholung des Zahl pi in einer 2x2
    Matrix
m2=repmat([1;2], 1,2) % Wiederholung eines Vektors 2-mal
    horizontal
```

Obiges Beispiel erzeugt $m_1 = \begin{pmatrix} \pi & \pi \\ \pi & \pi \end{pmatrix}$ und $m_2 = \begin{pmatrix} 1 & 1 \\ 2 & 2 \end{pmatrix}$

> **Zusammenfassung: Vektoren und Matrizen**
>
> - Vektoren sind Matrizen mit einer Zeile oder Spalte
> - Matrizen lassen sich in Matlab kompakt mit eckigen Klammern spezifizieren. Die Elemente werden dabei durch ein Leerzeichen und Zeilen durch einen Strichpunkt getrennt.
>
> Beispiel:
> ```
> M=[1 2 3 4; 5 6 7 8; 9 10 11 12] % Matrix mit 4 Spalten
>     und 3 Zeilen
> ```

2.10 Operationen mit Vektoren und Matrizen

2.10.1 Addition und Subtraktion

Die Addition und Subtraktion von Vektoren und Matrizen kann direkt mit den Operatoren + und − durchgeführt werden. Dabei müssen die Dimensionen (Anzahl von Zeilen und Spalten) übereinstimmen.

Beispiel:

```
[1 2;3 4] + [1 2;3 4] % Addition von 2x2 Matrizen
[1 2;3 4] + [1;2] % NICHT möglich
```

2.10.2 Multiplikation mit einem Skalar

Die Multiplikation eines Vektors oder Matrix mit einer Zahl (Skalar) kann ebenfalls wie üblich mit dem ∗ Operator bewerkstelligt werden:

```
[1;1;1]*3 % Multiplikation eines Vektors mit einem Skalar
[1 2;3 4]*2 % Multiplikation einer Matrix mit einem Skalar
```

Das Ergebnis stimmt dabei mit einer elementweisen Multiplikation überein, d.h. wir könnten alternativ schreiben:

```
[1;1;1].*3
```

Da die Multiplikationen kommutativ ist, kann die Reihenfolge von Skalar und Vektor/-Matrix auch getauscht werden.

```
3*[1;1;1] % Multiplikation eines Vektors mit einem Skalar
2*[1 2;3 4] % Multiplikation einer Matrix mit einem Skalar
3.*[1;1;1] % Elementweise Multiplikation
```

2.10.3 Matrix-Multiplikation

Matrizen können mit dem *-Operator multipliziert werden. Dabei muss, wie bei der Matrix-Multiplikation vorgeschrieben, die Anzahl der Spalten der ersten Matrix mit der Anzahl der Zeilen der zweiten Matrix übereinstimmen.

Beispiel:

```
[2 2 3;1 2 -1]*[2 1 3;1 1 1;0 4 -2] % Multiplikation: 2x3
    mit 3x3 Matrix
[2 2 3;1 2 -1]*[2 1 3;1 1 1] % Fehler: Matrix dimensions
    must agree
```

Es ist insbesondere auch möglich eine Matrix mit einem Vektor zu multiplizieren:

```
[2 4;3 1]*[1;1] % Multiplikation: 2x2 Matrix mit 2D-Vektor
```

2.10.4 Elementweise Multiplikation zweier Matrizen

Die elementweise Multiplikation zweier Vektoren oder Matrizen ist mathematisch nicht definiert. Bei der Auswertung von Datenreihen kann eine solche Operation dennoch nützlich sein. Um zwei Zahlenreihen/Vektoren elementweise zu multiplizieren, verwendet man den elementweisen .* Operator. Dabei müssen die Matrizen in der Anzahl an Zeilen und Spalten übereinstimmen:

```
[1; 2].*[3; 4] % ergibt die Matrix [3; 8]
[1 1; 2 2].*[3 3; 4 4] % ergibt die Matrix [3 3; 8 8]
[1;2].*[3;4;5] % Fehler: Matrix dimensions must agree
```

In Zeile 1 wird der Vektor $\begin{pmatrix}1\\2\end{pmatrix}$ elementweise mit dem Vektor $\begin{pmatrix}3\\4\end{pmatrix}$ multipliziert. In der ersten Komponente ergibt sich dadurch der Wert 3 und in der zweiten den Wert 8. Das Resultat ist also der Vektor $\begin{pmatrix}3\\8\end{pmatrix}$. Analog ergibt sich in Zeile 2 die Matrix $\begin{pmatrix}3&3\\8&8\end{pmatrix}$. Die dritte Zeile erzeugt eine Fehlermeldung da die Dimensionen der Matrizen nicht übereinstimmen.

2.10.5 Transponieren einer Matrix

Mit einem einfachen Hochkomma hinter einer Matrix kann diese transponiert werden. D.h. die Zeilen und Spalten der Matrix werden vertauscht.

Beispiel:

```
[1 2; 3 4; 5 6]' % Transponieren einer Matrix
```

Obiges Beispiel erzeugt die transponierte Matrix $\begin{pmatrix} 1 & 3 & 5 \\ 2 & 4 & 6 \end{pmatrix}$. Insbesondere können durch Transponieren auch Spalten- in Zeilenvektoren umgewandelt werden und umgekehrt:

```
r=[1; 2; 3]' % Transponieren eines Vektors
```

Das Resultat r ist ein Zeilenvektor.

Bemerkung: Anstatt eines Hochkommas kann zum Transponieren auch der Befehl *transpose* benutzt werden:

```
transpose([1 2; 3 4; 5 6]);
transpose([1; 2; 3]);
```

2.10.6 Zugriff auf Einträge

Oft ist es notwendig auf bestimmte Werte von Zahlenreihen, Vektoren oder Matrizen zuzugreifen. Dazu muss man die Position (Zeile und Spalte) in der Matrix spezifizieren. In Matlab verwendet man dazu runde Klammern.

Beispiel:

```
m=[2 4; 5 3];
m(1,2) % Matrix-Element in Zeile 1 und Spalte 2
```

Im obigen Beispiel ergibt sich also der Eintrag in Zeile 1 und Spalte 2 mit dem Wert 4. Bei Vektoren reicht die Angabe der Position. Es spielt dabei keine Rolle, ob es sich um einen Zeilen- oder Spaltenvektor handelt.

Beispiel:

```
v=[2; 5; 7];
v(3) % Vektor-Element an der Position 3
```

Im Beispiel ergibt sich der Wert 7.

Hinweis für Programmierer anderer Programmiersprachen: Im Gegensatz zu nicht mathematisch orientierten Programmiersprachen wie Java, C etc. beginnt Matlab die Numerierung der Zeilen und Spalten nicht bei 0, sondern wie in der Mathematik üblich bei 1.

Als Position können in Matlab nicht nur eine Zeile und Spalte angegeben werden, sondern auch Zahlenreihen. Möchte man z.B. die ersten 3 Einträge der zweiten Zeile einer Matrix erhalten, so nutzt man als Spalte die Zahlenreihe 1:3.

Beispiel:

```
m=[1 2 3 4; 5 6 7 8];
m(2, 1:3) % Erste 3 Spalten der zweiten Zeile
```

Eine Untermatrix erhält man, wenn man zwei Zahlenreihen für die Zeilen und Spalten angibt:

```
m=[1 2 3 4; 5 6 7 8];
m(1:2, 2:3) % Matrix bestehend aus den Zeilen 1,2 und
    Spalten 3,4
```

Es ergibt sich somit die Matrix $\begin{pmatrix} 2 & 3 \\ 6 & 7 \end{pmatrix}$. Will man alle Zeilen oder Spalten erhalten, so genügt es auch als Bereich nur einen Doppelpunkt anzugeben:

```
m=[1 2 3 4; 5 6 7 8];
m(:, 2:3) % Matrix bestehend aus allen Zeilen und den
    Spalten 3,4
```

Es ergibt sich dieselbe Matrix wie zuvor. Um alle Zeilen/Spalten ab einem gewissen Index bis zum Ende zu erhalten gibt es das Schlüsselwort *end*.

Beispiel:

```
m=[1 2 3 4; 5 6 7 8];
m(1:2, 2:end) % Matrix bestehend aus Zeilen 1,2 und den
    Spalten ab Index 2
```

Man erhält also die Matrix $\begin{pmatrix} 2 & 3 & 4 \\ 6 & 7 & 8 \end{pmatrix}$. Alternativ kann man auch zunächst die Dimension der Matrix mit dem Befehl *size* berechnen. Dieser liefert einen Vektor mit der Anzahl an Zeilen und Spalten zurück.

```
m=[1 2 3 4; 5 6 7 8];
dim = size(m); % Dimensionalität der Matrix m
numOfRows = dim(1); % Anzahl der Zeilen
numOfCols = dim(2); % Anzahl der Spalten
m(1:2, 2:numOfCols) % Matrix bestehend aus Zeilen 1,2 und
    den Spalten ab Index 2
```

Die folgenden Aufrufe sind bei der Verwendung von *size* ebenfalls möglich:

```
numOfRows = size(m,1); % Nur Anzahl der Zeilen
numOfCols = size(m,2); % Nur Anzahl der Spalten
```

Alternativ lässt sich die Rückgabe von *size* auch direkt in zwei Ganzzahlvariablen ablegen:

```
[numOfRows numOfCols] = size(m); % Dimensionalität der
    Matrix m
```

Dabei wird bei der Zuweisung der Rückgabe von *size* der resultierende Vektor direkt in einen Vektor bestehend aus den Variablen *numOfRows* und *numOfCols* geschrieben.

Als Index für die Zeilen und Spalten können neben Zahlenreihen sogar beliebige Vektoren mit ganzzahligen Einträgen genutzt werden.

Beispiel:

```
1  m=[1 2 3 4; 5 6 7 8];
2  m(1:2,[2 4]) % Matrix bestehend aus Zeile 1,2 und Spalten
       2,4
```

Es ergibt sich somit die Matrix $\begin{pmatrix} 2 & 4 \\ 6 & 8 \end{pmatrix}$.

2.10.7 Vergleiche

Alle Einträge einer Matrix lassen sich elementweise mit Werten vergleichen.

Beispiel:

```
1  m=[1 2 3 4; 5 6 7 8];
2  m>4
```

Obiges Beispiel vergleicht jeden Eintrag mit dem Wert 4. Ist der Eintrag größer, dann wird der Wert 1 zurückgegeben ansonsten der Wert 0. Es ergibt sich also eine Ergebnismatrix der Form:

$$\begin{pmatrix} 0 & 0 & 0 & 0 \\ 1 & 1 & 1 & 1 \end{pmatrix}$$

Die folgenden Vergleichsoperatoren bietet Matlab an:

- kleiner als: <
- größer als: >
- kleiner oder gleich: <=
- größer oder gleich: >=
- ungleich: ~=
- gleich: == (doppeltes gleich)

Für einen Vergleich auf Gleichheit ist ein doppeltes Gleichheitszeichen erforderlich. Dies liegt daran, dass ein einfaches Gleichheitszeichen in Matlab für die Zuweisung bei Variablen verwendet wird. Bei Anfängern ist die irrtümliche Verwendung des einfachen Gleichheitszeichen ein häufige Fehlerquelle.

2.11 Texte

Manchmal ist es in Matlab notwendig neben Zahlen auch Texte zu spezifizieren, z.B. für Beschriftungen von Diagrammen. Texte stellen einen eigenen Typ von Daten dar.

Damit Matlab Texte von Zahlen und Variablen unterscheiden kann, müssen Texte immer in einfache Hochkommas eingefasst werden.

Beispiel
```
1  s = 'Hello World';
```

Die Variable *s* enthält den Text *Hello World*.

Texte können mit Hilfe des Befehls *strcat* aneinander gehängt werden.

Beispiel
```
1  s1 = 'Hello';
2  s2 = 'World';
3  s = strcat(s1, s2);
```

Nach der Ausführung aller drei Zeilen enthält die Variable *s* den Text *HelloWorld* (ohne Leerzeichen). Um Zahlen und Matrizen an Texte anzuhängen, müssen diese zunächst in Text konvertiert werden. Dazu existieren die Befehle *num2str* und *mat2str*.

Beispiel
```
1  i=5
2  s1 = strcat('Number:', num2str(i))
3  M = [1 2; 3 4];
4  s2 = strcat('Matrix:', mat2str(M))
```

Die Ausgabe des obigen Beispiels lautet:
```
1  Number:5
2  Matrix:[1 2;3 4]
```

Texte
Texte müssen immer in einfache Hochkommas eingefasst werden. Ansonsten könnte Matlab nicht zwischen Texten und Variablennamen unterscheiden.
Beispiel
```
1  num = 5; % define variable
2  s1 = num; % s1 contains value 5
3  s2 = 'num'; % s2 contains text num
```

Kapitel 3

Die Matlab-Benutzeroberfläche

Die Benutzeroberfläche von Matlab besteht nach dem ersten Öffnen aus einer Symbolleiste oben sowie aus drei Hauptabschnitten:

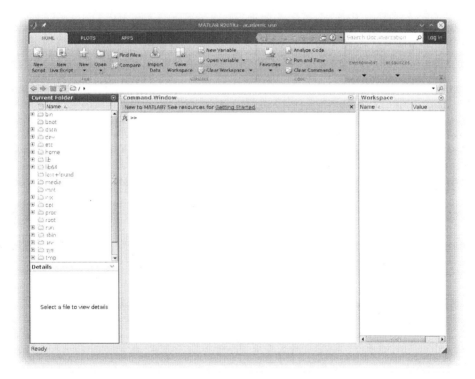

- Command-Window in der Mitte

- Workspace rechts

- Verzeichnis-Baum links

Das *Command Window* kennen wir bereits aus dem vorherigen Kapitel. Hier lassen sich mathematische Ausdrücke und Befehle eintragen und auswerten.

Im Abschnitt *Workspace* rechts werden die vorhandenen Variablen angezeigt. Zu Beginn ist dieses Fenster deshalb noch leer. Sobald wir aber eine Variable im *Command Window* anlegen, so wird diese im *Workspace* aufgeführt. Dies dient einerseits der Übersicht z.B. wenn sich die Befehle im *Command Window* über mehrere Bildschirmseiten erstrecken. Andererseits lassen sich so schnell die aktuellen berechneten Variablenwerte einsehen, ohne dass man eine Bildschirmausgabe über das *Command Window* machen muss.

Der Verzeichnisbaum ist nützlich, wenn man mit Matlab umfangreichere Berechnungen vornehmen will und diese Berechnungen in Skript- und Funktions-Dateien unterteilt, welche man im Dateisystem abspeichert. Wie dies genauer funktioniert, behandeln wir in den folgenden Abschnitten und Kapiteln.

3.1 Arbeiten mit dem Command Window

Das *Command Window* eignet sich für kleinere Berechnungen und ist am ehesten mit einem Taschenrechner vergleichbar. Man gibt einen Ausdruck ein und bekommt nach Betätigen der Eingabetaste sofort das entsprechende Ergebnis. Durch Abschließen einer Zeile mit einem Strichpunkt wird die Ausgabe des Ergebnis unterdrückt. Dies ist z.B. dann sinnvoll, wenn man das Ergebnis nur in einer Variable abspeichern möchte.

Oft wiederholt man gewisse Berechnungen im *Command Window* mehrfach. Um Tipparbeit zu sparen erlaubt Matlab dem Nutzer mit Hilfe der Pfeiltaste ↑ auf vorangegangene Eingaben zuzugreifen. Drückt man die Pfeiltaste ↑ einmal, so erhält man die Eingabe der letzten Zeile. Drückt man die Taste zweimal, dann erhält man die vorletzte Eingabe usw.

Matlab beachtet dabei auch bereits eingegebene Präfixe. Gibt man z.B. den Buchstaben *m* ein und drückt dann die Pfeiltaste ↑, dann sucht Matlab nach der letzten Eingabe, welche mit dem Buchstaben *m* begonnen hat.

Mit Hilfe der Pfeiltaste ↓ lässt sich auch wieder in der Liste früherer Eingaben zurückspringen, z.B. falls man aus Versehen zu oft auf die Pfeiltaste ↑ gedrückt hat.

> **Liste früherer Eingaben**
> Mit den Pfeiltasten ↑ und ↓ kann man zu früheren Eingaben im *Command Window* springen und diese ein weiteres Mal aufrufen.

Im Gegensatz zum normalen Taschenrechner bietet das *Command Window* viele Vorteile: Der große Bildschirm bietet mehr Platz zur gleichzeitigen Anzeige vieler Berechnungsschritte, Zwischenergebnisse lassen sich bequem in Variablen ablegen und über die Pfeiltasten kann man leicht auf vorherige Eingaben zugreifen und diese wiederholen.

Muss man allerdings immer wieder ähnliche Berechnungen z.B. mit sich ändernden Daten oder mathematischen Funktionen durchführen, dann ist das auch mit dem *Command Window* eher mühsam. In der Praxis wiederholt man dann nämlich ständig dieselben Eingaben oder sucht mit den Pfeiltasten ↑ und ↓ den, an der Stelle passenden, Befehl.

Von erfahrenen Nutzern werden deshalb gerne sogenannte Skripte verwendet. Mit welchen sich eine ganze Reihe von zuvor festgelegten Befehlen wiederholt aufrufen lassen. Skripte lassen sich auch bequem abspeichern und zu einem späteren Zeitpunkt wieder benutzen.

3.2 Skripte

Matlab-Skripte sind kleine Computer-Programme, welche einen Ablauf von Berechnungsschritten festlegen. Diese Berechnungsschritte bestehen aus denselben Ausdrücken und Befehlen, welche wir bereits kennengelernt haben.

Um ein Skript zu erstellen, wählt man in der Symbolleiste unter *Home* den Eintrag *New Script* aus. Es öffnet sich oberhalb des *Command Window* dann ein Text-Editor, mit welchem sich das Skript bearbeiten lässt:

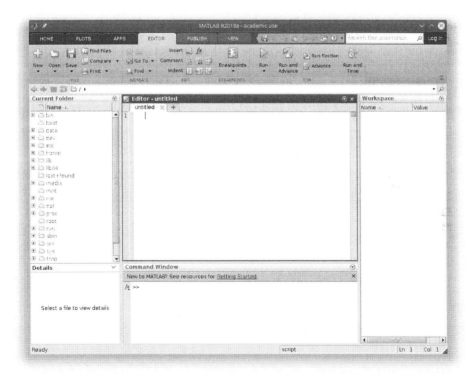

Skripte sind Text-Dateien, welche mit der Datei-Endung *.m* auf der Festplatte gespeichert werden. Beim ersten Speichern fragt Matlab automatisch nach einem Dateinamen und einem Speicherort.

ACHTUNG: Dateinamen dürfen keine mathematischen Operatoren, d.h. insbesondere keine Bindestriche, enthalten. Ein Dateiname der Form *parabola-slope.m* sollte z.B. nicht verwendet werden.

Gibt man Ausdrücke und Berechnungen im *Editor* ein, dann passiert zunächst nichts. Erst durch Drücken des grünen Abspiel-Pfeils *Run* in der Symbolleiste wird das Skript aktiv. Matlab verarbeitet das Skript dann Zeile für Zeile genauso als wenn man es in das *Command Window* eingetragen hätte.

Beispiel-Skript

```
x1 = 1;
x2 = 2;
f1 = x1^2;
f2 = x2^2;
m = (f2-f1)/(x2-x1)
```

Das obige Skript berechnet die Steigung des Steigungsdreiecks zwischen zwei Punkten auf der Normalparabel $y = x^2$. Zunächst werden zwei x-Werte *x1* und *x2* festgelegt und anschließend in Zeile 3 und 4 die zugehörigen Funktionswerte *f1* und *f2* berechnet. In Zeile 5 wird dann die Steigung *m* über die Differenz der Funktions- und x-Werte berechnet.

Will man nun die Berechnung für andere x-Werte wiederholen, so genügt es die Zeilen 1 und 2 anzupassen und das Skript erneut aufzurufen. Ohne Skript müsste man demgegenüber alle fünf Zeilen noch einmal manuell eingeben bzw. in der Liste früherer Eingaben suchen.

Skripte lassen sich auch über ihren Dateinamen (ohne die Endung *.m*) vom *Command Window* aus aufrufen:

```
parabolaSlope
```

ruft z.B. das Skript auf, welches in der Datei *parabolaSlope.m* gespeichert ist.

Hinweis: Dies funktioniert nur dann, wenn die Skript-Datei in dem Verzeichnis liegt, in welchem sich Matlab gerade befindet. Ist dies nicht der Fall, so muss mit Hilfe des Verzeichnisbaums auf der linken Seite zunächst in den entsprechenden Ordner gewechselt werden.

Es empfiehlt sich Skripte zu kommentieren, damit klar wird, was mit den Berechnungsschritten bezweckt wird. Kommentare werden über das Prozentzeichen eingeleitet. Alles was nach dem Prozentzeichen geschrieben steht, wird vom Computer ignoriert.

Beispiel

```
% define x-coordinates
x1 = 1;
x2 = 2;
% evaluate f(x)=x^2
```

```
5  f1 = x1^2;
6  f2 = x2^2;
7  % compute slope
8  m = (f2-f1)/(x2-x1)
```

Skripte werden stets im Kontext des aktuellen *Workspace* ausgeführt. D.h. einem Skript stehen auch alle Variablen zur Verfügung, welche zuvor z.B. über das *Command Window* angelegt wurden. Dadurch lassen sich mehrere Skripte kombinieren, wobei ein Skript auf das Ergebnis eines anderen Skripts zugreift.

Dieser Umstand ist aber auch eine häufige Fehlerquelle für Anfänger. Wenn z.B. vergessen wird im Skript eine Variable anzulegen, aber zufälligerweise eine solche Variable bereits im *Workspace* existiert, so rechnet das Skript evtl. mit einem falschen Wert.

In vielen Fällen ist bei Skripten deshalb diese Abhängigkeit vom *Workspace* nicht gewünscht. Und um Fehler zu vermeiden wird deshalb der *Workspace* beim Start des Skripts zurückgesetzt. Dies kann durch die folgenden Befehle erreicht werden:

- *clear*: Löscht alle vorhandenen Variablen im Workspace

- *clc*: Löscht den Inhalt des *Command Window*

- *close('all')*: Entfernt evtl. vorhandene Zusatzfenster (z.B. Diagramme)

Ein Skript könnte dann wie folgt aussehen:

```
1  clear;
2  clc;
3  close('all');
4  x1 = 1;
5  x2 = 2;
6  f1 = x1^2;
7  m = (f2-f1)/(x2-x1)
```

Im obigen Skript wurde vergessen die Variable *f2* zu definieren. Dieses Problem lässt sich leicht finden, denn beim Ausführen ergibt sich auf jeden Fall eine Fehlermeldung. Eine Workspace-Variable *f2*, welche bereits zuvor existiert hat, kann es nicht geben.

3.3 Live-Skripte

Neben herkömmlichen Skripten lassen sich seit Matlab R2017a auch sogenannte Live-Skripte erzeugen. GNU Octave bietet diese Funktionalität momentan nicht an.

Im zugehörigen Live-Editor werden der Quelltext des Skripts und dessen Ausgabe direkt nebeneinander angezeigt. Dabei können sogar grafische Ausgaben eingebunden werden.

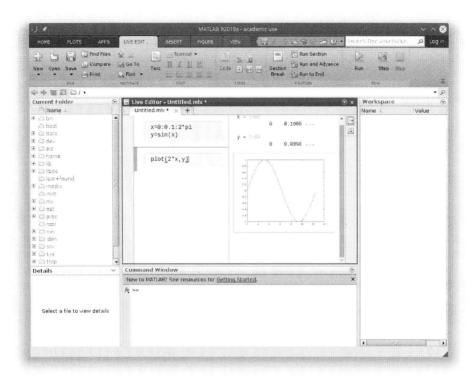

Mit Live-Skripten kann man z.B. kleinere Berichte über Datenauswertungen direkt in Matlab erstellen. Live-Skript-Dateien sind allerdings nicht mehr nur Text-Dateien und haben die Datei-Endung *.mlx*.

Neben Skripten und Live-Skripten gibt es auch noch Funktionen und Live-Funktionen, welche ebenfalls in *.m*- bzw. *.mlx*-Dateien abgespeichert werden. Diese behandeln wir in späteren Kapiteln.

Kapitel 4

Plots und Diagramme

Matlab und GNU Octave haben eine Vielzahl von Möglichkeiten Daten zu visualisieren. In dieser Einführung behandeln wir nur die wichtigsten Arten. Eine vollständige Liste der verschiedenen Arten von Plots findet sich unter:

https://de.mathworks.com/help/matlab/creating_plots/types-of-matlab-plots.html

Für unsere Betrachtung beschränken wir uns auf die folgenden Arten von Plots:

- Plots mit Punkten und Linien
- Balkendiagramme
- 3D-Plots

4.1 Einfache Plots

Die verbreitetste Art und Weise in Matalb einen Plot zu erzeugen, ist der Befehl *plot*. In seiner einfachsten Variante nimmt der Plot-Befehl zwei Parameter x und y entgegen, wobei x ein Vektor von x-Werten und y eine Vektor von y-Werten sein muss.

Beispiel

```
stepSize = pi/4;
x = 0:stepSize:2*pi;
y = sin(x);
plot(x, y);
```

Im obigen Beispiel legen wir zunächst eine Variable *stepSize* an, welche den Abstand der darzustellenden Datenpunkte festlegt. Mit dieser Schrittweite bestimmen wir dann eine Zahlenreihe für x-Werte zwischen 0 und 2π. Die zugehörigen y-Werte ergeben sich durch Aufrufen von *sin(x)*. Hierbei wird für jeden Eintrag der Zahlenreihe x der entsprechende y-Wert berechnet. Die Variable y enthält somit auch eine Zahlenreihe mit gleich vielen Einträgen wie die Variable x.

Schließlich zeichnen wir die Datenpaare in x und y mit dem Befehl *plot*. Es öffnet sich automatisch ein neues Fenster mit dem erstellten Diagramm. Matlab wählt dabei die Skalierung der Achsen automatisch so, dass der Plot vollständig dargestellt werden kann.

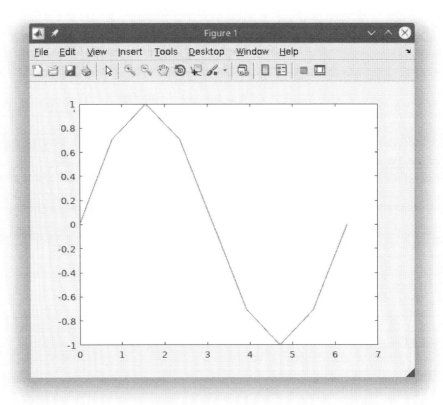

Wie man sieht, ist der Plot aus einzelnen Linien zusammengesetzt. Je kleiner die Schrittweite gewählt wird, desto glatter erscheint die gezeichnete Kurve.

Man kann Plots anschließend noch über die Symbolleiste und Menüs des Diagrammfensters bearbeiten. Besser ist es jedoch das Diagramm komplett mit Hilfe von Befehlen zu spezifizieren. Dazu müssen wir im Folgenden die Linienart und die Achsen festlegen.

4.1.1 Linienspezifikation

Die Linienfarbe und -art lassen sich direkt über den *plot*-Befehl festlegen. Dazu gibt man einen dritten Parameter beim Aufruf an, welcher die Linie näher beschreibt. Dieser dritte Parameter besteht aus Text und wird daher in einfache Hochkommas eingefasst.

```
plot(x, y, 'r');
```

Erzeugt eine rote statt einer blauen Linie. Weitere Farben lassen sich ebenfalls über ein Buchstabenkürzel angeben. Es gilt folgende Zuordnung:

Kürzel	Farbe
r	$\underline{r}ed$
g	$\underline{g}reen$
b	$\underline{b}lue$
c	$\underline{c}yan$
m	$\underline{m}agenta$
y	$\underline{y}ellow$
k	$blac\underline{k}$
w	$\underline{w}hite$

Standardmäßig wird zwischen den Datenpunkten eine durchgezogene Linie gezeichnet. Man kann die Art der Linie aber ebenfalls über ein Zeichenkürzel variieren:

```
plot(x,y,'r--')
```

In obigem Beispiel wird nun eine rote, gestrichelte Linie gezeichnet. Weitere Linienarten ergeben sich aus folgender Zuordnung

Kürzel	Linienart
-	durchgezogene Linie
--	gestrichelte Linie
:	gepunktete Linie
-.	Striche und Punkte abwechselnd

Schließlich kann man noch eine Markierung für die Datenpunkte festlegen:

```
plot(x,y,'r--s');
```

Dies erzeugt eine quadratische Markierung um jeden Datenpunkt. Andere Markierungen lassen sich über die folgenden Zeichenkürzel erzeugen:

Kürzel	Linienart
.	Punkt
o	Kreis
x	Kreuzchen
*	Stern
v	Dreieck
s	$\underline{s}$quare
d	$\underline{d}$iamond

Die Reihenfolge, in welcher die Zeichenkürzel angegeben werden, spielt keine Rolle. Folgender Befehl erzeugt z.B. ebenfalls eine gestrichelte, rote Linie mit quadratischen Markierungen:

```
plot(x,y,'--sr');
```

4.1.2 Achsen

Neben der Darstellung der Daten an sich, lassen sich auch noch die Achsen genau festlegen. Will man z.B. dass die x-Achse genau von 0 bis 3π und die y-Achse von -1.5 bis 1.5 verläuft, so ruft man nach dem Erstellen der Grafik die Befehle *xlim* bzw. *ylim* auf:

```
1  xlim([0 2*pi]);
2  ylim([-1.5 1.5]);
```

Wie man sieht, nehmen beide Befehle einen einzigen Parameter entgegen. Dieser Parameter ist ein Vektor mit 2 Komponenten, wobei die erste Komponente die untere Grenze und die zweite Komponente die obere Grenze spezifiziert.

Der Abstand der dargestellten Schritte auf einer Achse lässt sich ebenfalls detailliert angeben. Sollen z.B. Achsenmarkierungen genau an den Stellen 0, π, 2π und 3π vorkommen, dann ruft man den Befehl *xticks* und *xticklabels* auf:

```
1  xticks([0, pi, 2*pi]);
2  xticklabels({'0','\pi','2\pi'});
```

Der Befehl *xticks* nimmt wieder einen Vektor entgegen, welcher die Position der Achsenmarkierungen enthält. Die eigentliche Beschriftung, d.h. der Text, welcher an den betreffenden Positionen dargestellt werden soll, wird über den Aufruf von *xticklabels* spezifiziert. Anders als die bisherigen Befehle ist der Befehls-Parameter von *xticklabels* kein Vektor, sondern ein sogenanntes *Cell Array*. Für den Moment genügt es zu wissen, dass man an dieser Stelle die geschweiften Klammern nehmen und die Elemente mit einem Komma trennen muss. Im obigen Beispiel dient der rückwärtsgewandte Schrägstrich 'dazu, dass Symbol π anstatt des Texts pi angezeigt wird.

Insgesamt ergibt sich damit die folgende Grafik:

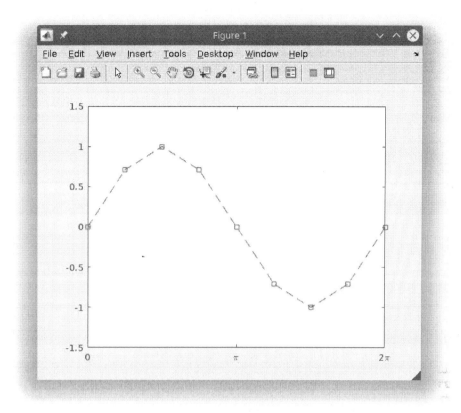

Für die y-Achse lassen sich entsprechend die Befehle *yticks*, *yticklabels* verwenden.

Hinweis: Will man die Achsen-Markierungen zurücksetzen und wieder automatisch festlegen lassen, so erreicht man dies durch Aufruf von:

```
xticks('auto')
```

4.1.3 Gitterlinien

Um Werte besser in Diagrammen ablesen zu können, eignen sich Gitterlinien, welche im Hintergrund des Diagramms eingezeichnet werden. In Matlab lässt sich dies über den folgenden Aufruf bewerkstelligen:

```
grid('on');
```

Ein genaueres Gitter erhält man durch den Aufruf von:

```
grid('on');
grid('minor');
```

Um das Gitter zu löschen, ruft man entsprechend *grid('off')* auf.

4.1.4 Achsenskalierung

Matlab legt Diagramme so aus, dass diese das zugehörige Grafik-Fenster ausfüllen. Macht man das Grafik-Fenster breiter, so verzerrt man damit auch das enthaltene Diagramm. D.h. der Verhältnis der Einheiten auf der x-Achse zu den Einheiten auf der y-Achse verändert sich. Um dieses Verhältnis beizubehalten und zu verhindern, dass Matlab das Diagramm verzerrt, eignet sich der Befehl *pbaspect* (kurz für Englisch: plot box aspect ratio).

Ruft man:

```
pbaspect([1 1 1]);
```

am Ende eines Plot-Befehls auf, dann entsprechen die Längen der Einheiten auf der x-Achse genau den Längen der Einheiten auf der y-Achse.

4.2 Plots mit mehreren Datenreihen

In vielen Fällen will man nicht nur eine, sondern mehrere Datenreihen in einer einzigen Grafik visualisieren. Verwenden wir den Befehl *plot* alleine, so öffnet Matlab beim ersten Aufruf ein neues Diagramm-Fenster. Bei jedem weiteren Aufruf von *plot* wird die bisher gezeichnete Linie ersetzt. Um zuvor gezeichnete Linien zu erhalten, kann man den Befehl *hold* benutzen. Mit dem Aufruf:

```
hold('on');
```

werden die bisherigen Linien *festgehalten* und weitere Aufrufe von *plot* fügen dem Diagramm neue Linien hinzu.

Beispiel

```
stepSize = pi/4;
x = 0:stepSize:2*pi;
plot(x, sin(x), 'r--s');
hold('on');
plot(x, cos(x), 'b-v');
xticks([0 pi 2*pi]);
xticklabels({'0', '\pi', '2\pi'});
hold('off');
```

Im obigen Beispiel wird zunächst in Zeile $1-3$ die Datenreihe für den Sinus gezeichnet. Der Aufruf von *hold on* hält diese Grafik sozusagen fest und der folgende Aufruf von *plot* wird dadurch in das gleiche Diagramm eingezeichnet. Anschließend werden die Achsen festgelegt. Der Befehl *hold off* in der letzten Zeile hebt den Befehl *hold on* wieder auf, so dass darauffolgende Aufrufe von *plot* die bestehende Grafik wieder ersetzen würden.

4.2.1 Legende

Weist eine Grafik mehrere Datenreihen auf, dann sollte immer eine Legende, welche die Datenreihen beschreibt, hinzugefügt werden. In Matlab existiert dafür der Befehl *legend*. Dieser funktioniert auf ähnliche Weise wie der Befehl *xticklabels* und nimmt eine Liste von Texten als *Cell Array*, d.h. in geschweiften Klammern, entgegen.

Beispiel

```
legend({'sin(x)', 'cos(x)'});
```

Manchmal kann es vorkommen, dass die Legende einen Teil der Datenreihe überdeckt. In solchen Fällen ist es sinnvoll die Legende an eine andere Position innerhalb des Diagramms zu verschieben, an welcher sie weniger störend ist. Über den folgenden Aufruf ließe sich die Legende z.B. in die linke, obere Ecke verschieben:

```
legend({'sin(x)', 'cos(x)'}, 'Location', 'northwest');
```

Die anderen Ecken erreicht man auf die selbe Art und Weise mit den Texten: *southwest*, *southeast* und *northeast*.

Insgesamt ergibt sich so das folgende Diagramm:

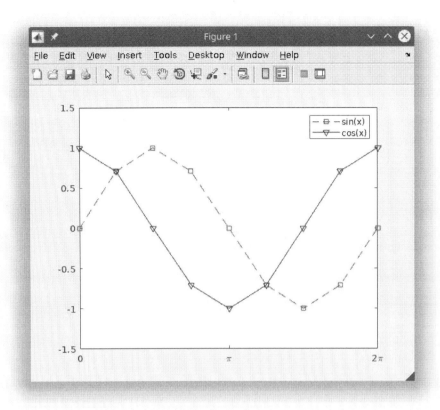

Eine bestehende Legende lässt sich mit dem Aufruf *legend('off')* wieder löschen.

4.3 Mehrere Plots

Bisher haben wir immer nur ein einzelnes Diagramm erstellt. Um gleichzeitig mehrere Plots anzulegen, verwendet man den Befehl *figure*. Dieser Befehl macht nichts anderes als ein neues Grafik-Fenster zu öffnen, welches zu Beginn komplett leer ist. Erst beim Aufruf von *plot* wird das Fenster mit Inhalt gefüllt.

Beispiel

```
figure % opens a new window
x = 0:pi/4:2*pi;
plot(x, sin(x));
figure % opens another new window
plot(x, cos(x));
```

In Zeile 1 und 4 werden jeweils neue Grafik-Fenster geöffnet. Diese werden dann durch die Plot-Befehle in Zeile 3 und Zeile 5 befüllt. Wie man sieht, zeichnet *plot* immer in das zuletzt geöffnete Grafik-Fenster. Gibt es noch überhaupt kein Grafik-Fenster, dann öffnet *plot* ein neues. Dies war in unseren bisherigen Beispielen immer der Fall.

Matlab merkt sich alle Grafik-Fenster in der Reihenfolge, in der sie erstellt wurden. Dadurch ist es möglich auf ein Fenster auch später wieder zuzugreifen und einen Plot nachträglich mit weiteren Datenreihen zu ergänzen.

Beispiel

```
figure % opens a new window
x = 0:pi/4:2*pi;
plot(x, sin(x));
figure % opens another new window
plot(x, cos(x));
figure(1); % activate first window
plot(x, cos(x));
```

In Zeile 6 aktivieren wir mit *figure(1)* das erste Grafik-Fenster. Alle weiteren Zeichenoperationen beziehen sich damit auf dieses Fenster. Entsprechend könnte man mit *figure(2)* wieder zum zweiten Fenster wechseln.

Mit Hilfe des Befehls *close* lassen sich Grafik-Fenster gezielt wieder schließen. Ruft man den Befehl *close* ohne Parameter auf, so schließt dieser das aktive Grafik-Fenster. Mit Aufrufen *close(1)* und *close(2)* lassen sich entsprechend das erste bzw. zweite Fenster schließen. Wenn man alle Fenster schließen möchte, ruft man *close('all')* auf.

4.3.1 Sub-Plots

Mit Hilfe sogenannter Sub-Plots lassen sich mehrere Diagramme innerhalb eines Grafik-Fensters anzeigen. Matlab teilt das Grafik-Fenster dabei in eine frei wählbare Anzahl an Reihen und Spalten ein, wobei in jeder Reihe und Spalte ein Diagramm eingefügt werden kann.

Der entsprechende Befehl heißt *subplot*. Dieser nimmt drei Parameter entgegen. Die ersten beiden bezeichnen die Anzahl der Reihen und Spalten, der dritte beschreibt die Position des Diagramms, welches als nächstes gezeichnet werden soll.

Beispiel

```
stepSize = pi/4;
x = 0:stepSize:2*pi;

subplot(2,1, 1); % first subplot
plot(x, sin(x), 'r--s');
xlim([0 2*pi]);
ylim([-1.5 1.5]);
xticks([0 pi 2*pi]);
xticklabels({'0', '\pi', '2\pi'});

subplot(2,1, 2); % second subplot
plot(x, cos(x), 'b-v');
```

```
13  xlim([0 2*pi]);
14  ylim([-1.5 1.5]);
15  xticks([0 pi 2*pi]);
16  xticklabels({'0', '\pi', '2\pi'});
```

In Zeile 4 legen wir fest, dass es 2 Reihen und eine Spalte geben soll. Insgesamt gibt es im Grafik-Fenster damit zwei Diagramme. Der dritte Parameter mit dem Wert 1 besagt, dass wir zunächst in das erste der beiden Diagramme zeichnen. Die folgenden Zeilen 5 – 9 beschreiben dann das entsprechende Diagramm.

Ab Zeile 11 wechseln wir zum zweiten Diagramm innerhalb des Fensters. Dazu rufen wir wieder *subplot* auf. Die Anzahl an Reihen und Spalten muss dabei mit dem ersten Aufruf aus Zeile 4 übereinstimmen. Nur der dritte Parameter für die Position des Diagramms ändert sich.

Damit ergibt sich folgende Grafik:

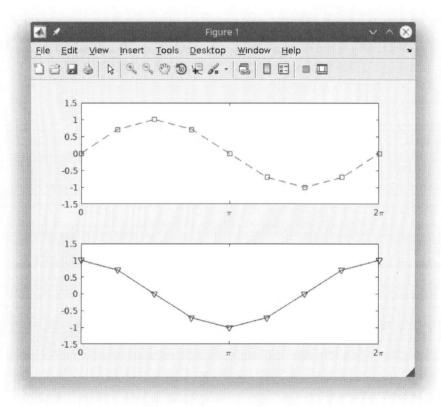

Hinweis: Für Subplots mit mehreren Zeilen und Spalten wird die Position entlang der Reihen gezählt. Für ein Fenster mit 2 Reihen und 3 Spalten ergeben sich beispielsweise die Positionen nach folgendem Schema:

1	2	3
4	5	6

Entsprechend würde der folgende Quelltext das Diagramm in der Mitte der zweiten Reihe befüllen:

```
subplot(3, 2, 5);
plot(x,y);
```

4.4 Logarithmische Plots

Bei einigen technischen Auswertungen treten Diagramme auf, für welche sich eine lineare Skalierung der Achsen nicht eignet. Ein Beispiel ist das Bode-Diagramm aus der Signalverarbeitung. Dieses gibt an, wie stark ein Signal in Abhängigkeit von seiner Frequenz durch einen Filter abgeschwächt wird. Als Einheit dient hierbei die Maßeinheit Bel, welche das logarithmische Verhältnis zweier Größen beschreibt. Besser bekannt ist diese Maßeinheit in Form der Einheit Dezibel (dB), welche einem Zehntel Bel entspricht, d.h. 10dB = 1Bel.

Um solche logarithmischen Diagramme zu erstellen, gibt es in Matlab die Befehle *semilogy*, *semilogx* und *loglog*. Alle diese Befehle funktionieren genau so wie der Befehl *plot* und nehmen deshalb auch die gleichen Parameter entgegen.

Beim Befehl *semilogy* ist dabei lediglich die y-Achse logarithmisch skaliert. Die x-Achse ist weiterhin linear skaliert.

Beispiel

```
x=-10:0.1:10;
y=exp(x);
semilogy(x,y);
grid('on');
```

In Zeile 1 und 2 erzeugen wir eine Datenreihe mit x- und y-Werten der Funktion e^x und zeichnen diese anschließend mit *semilogy* in ein Diagramm. Die Funktion e^x steigt für große x immer stärker an. Auf einer logarithmischen Achse ergibt sich aber lediglich eine Gerade:

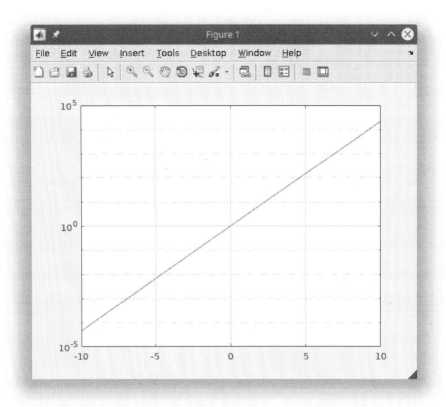

Dies liegt daran, dass sich der Abstand zwischen den horizontalen Gitterlinien logarithmisch ändert. Die Gitterlinien befinden sich bei den Werten:

$$10^{-5}, 10^{-4}, 10^{-3}, 10^{-2}, 10^{-1}, 10^0, 10^1, 10^2, 10^3, 10^4, 10^5.$$

Der Abstand zwischen $10^0 = 1$ und $10^1 = 10$ beträgt damit nur 9, während der Abstand zwischen $10^4 = 10000$ und $10^5 = 100000$ genau 90000 beträgt.

Der Befehl *semilogx* skaliert im Gegensatz zu *semilogy* nur die x-Achse logarithmisch. Die y-Achse bleibt linear. Beim Befehl *loglog* werden beide Achsen logarithmisch skaliert.

Beispiel

```
x = logspace(-1,2); % logarithmically spaced x-values
y = exp(x);
loglog(x,y,'-s');
grid('on');
```

In obigem Beispiel erzeugen wir in Zeile 1 eine Reihe von x Werten, deren Abstände ebenfalls logarithmisch skaliert sind. Dadurch erscheinen im Diagramm alle Datenpunkte im gleichen Abstand. Es entsteht damit das folgende Diagramm:

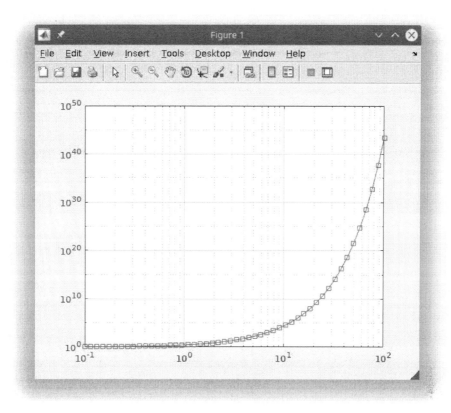

Da beide Achsen logarithmisch skaliert sind, erkennt man wieder den typischen Anstieg von e^x.

4.4.1 Die Befehle *logspace* und *linspace*

Analog zum Befehl *logspace* existiert auch ein Befehl *linspace*. Beide Befehle erzeugen Datenreihen zwischen zwei gegeben Grenzen. Der Befehl *logspace* skaliert dabei die Werte logarithmisch, der Befehl *linspace* skaliert hingegen linear.

Beispiel

```
x = logspace(0, 3, 4);  % creates [1 10 100 1000]
x = linspace(0, 3, 4);  % creates [0 1 2 3 4]
```

Die ersten beiden Parameter des Befehls *logspace* legen den Start- und Endwert der Zahlenreihe fest. Dabei wird nicht der Wert an sich genommen, sondern die zugehörige Zehnerpotenz. In unserem Beispiel oben sind die Grenzen also $10^0 = 1$ und $10^3 = 1000$. Dazwischen werden weitere Zahlen mit logarithmisch skaliertem Abstand gewählt. Der dritte Parameter gibt an, wie viele Zahlen die zu erzeugende Zahlenreihe insgesamt enthalten soll. Im obigen Beispiel sind dies genau 4. Es bleiben also noch 2 Zwischenwerte, welche zwischen 1 und 1000 gewählt werden müssen. Dies sind die Werte 10 und 100. Es ergibt sich also insgesamt die Zahlenreihe 1, 10, 100, 1000.

Der Befehl *linspace* nimmt ebenfalls drei Parameter entgegen. Die ersten beiden sind die tatsächlichen Grenzen. Der dritte Parameter beschreibt wieder die Gesamtzahl an Werten in der gewünschten Zahlenreihe. Hier werden die Werte im gleichen Abstand gewählt. Es ergibt sich im Beispiel dadurch die Datenreihe 0, 1, 2, 3, 4.

Damit ist der Aufruf von *linspace(0,3,4)* äquivalent zum Aufruf:

```
x = 0:3;
```

Wird der dritte Parameter bei *linspace* und *logspace* weggelassen, dann werden genau 100 Werte erzeugt.

4.5 Balkendiagramme

Balkendiagramme werden in Matlab mit dem Befehl *bar* erzeugt.

Beispiel

```
y = [1 13 5 2];
bar(y)
ylim([0 15])
xticklabels({'Group 1', 'Group 2', 'Group 3', 'Group 4'});
```

Im obigen Beispiel wird zunächst eine Zahlenreihe erzeugt, welche die Höhe der Balken beschreibt. Hier sind es 4 Balken mit Höhen zwischen 1 und 13. In Zeile 2 werden die Balken mit Hilfe des Befehls *bar* gezeichnet. Anschließend wird das Diagramm mit den bekannten Befehlen *ylim* und *xticklabels* weiter angepasst.

Mehrere Balken lassen sich dadurch gruppieren, dass man Ihre Daten in eine Zeile einer Matrix zusammenfasst. Der Parameter y kann also nicht nur ein Vektor, sondern auch eine Matrix sein.

Beispiel

```
y = [2 2 3; 2 5 6; 2 8 9; 2 11 12];
bar(y)
ylim([0 15])
xticklabels({'Group 1', 'Group 2', 'Group 3', 'Group 4'});
legend({'Year 1', 'Year 2', 'Year 3'}, 'Location', '
    northwest');
```

Im obigen Beispiel sind jeweils drei Werte/Balken in einer Gruppe zusammengefasst. Eine in Zeile 5 erzeugte Legende beschreibt, dass sich die angezeigten Werte auf verschiedene Jahre beziehen.

Es ergibt sich damit das folgende Diagramm:

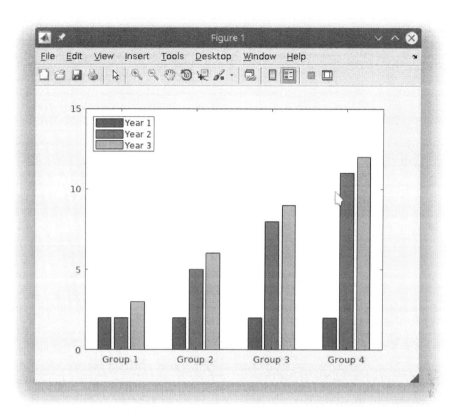

4.6 3D-Plots

Mit Matlab lassen sich auch einfach dreidimensionale Plots mit Oberflächen oder Gitterlinien erzeugen. Bei 3D-Plots ordnen wir Punkten in der x/y-Ebene einen Wert z zu. Mit Hilfe der Befehle *surf* (kurz für Englisch: surface = Oberfläche) und *mesh* (mesh = Gitter) lassen sich diese Daten dann dreidimensional zeichnen und sogar interaktiv von allen Seiten betrachten.

Beispiel

```
[x,y] = meshgrid(0:0.2:3*pi, 0:0.2:3*pi);
z = sin(x)+ cos(y);
surf(x,y,z);
colorbar
```

In Zeile 1 erzeugen wir zunächst ein gleichmäßiges Gitter in der x/y-Ebene. Der Befehl *meshgrid* nimmt zwei Zahlenreihen entgegen. Die erste gibt die Abstände des gewünschten Gitters in x-Richtung, die zweite in y-Richtung an. Als Resultat erhält man zwei Matrizen x und y. Die Matrix x enthält jeweils die x-Werte des Gitters, die Matrix y die y-Werte.

Nun berechnet man in Zeile 2 für jede Koordinate des Gitters den zugehörigen z-Wert. Man beachte dabei, dass $sin(x)$ den Sinus-Wert an jeder Stelle der Matrix x berechnet. Die Addition ist dann ebenfalls eine Operation auf Matrizen. Damit ist z ebenfalls eine Matrix, welche für jeden Gitterpunkt einen Wert enthält.

Der Befehl *surf* zeichnet dann die resultierende Oberfläche. Dabei färbt Matlab die einzelnen Oberflächenteile entsprechend ihrem Wert ein. Es ergibt sich das folgende Diagramm:

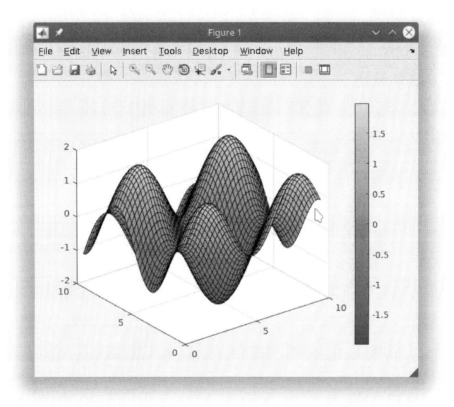

Der Befehl *colorbar* blendet eine zusätzliche Leiste ein, welche anzeigt, welche Farbe für welchen Wert benutzt wird.

Klickt man in der Symbolleiste des Grafik-Fensters auf den kreisförmigen Pfeil, dann lässt sich das Diagramm anschließend mit der Maus im Raum drehen. Dadurch lässt sich die Form der Oberfläche leichter erkennen und es kann die geeignetste Ansicht ausgewählt werden.

Der Befehl *mesh* funktioniert auf die gleiche Art und Weise. Dieser zeigt allerdings keine Oberfläche, sondern lediglich ein farbiges Gitternetz an.

Kapitel 5

Kontrollstrukturen

Matlab ist eine vollwertige Programmiersprache mit welcher sich nicht nur mathematische Berechnungen durchführen lassen. Es ist auch möglich eine gesamte Prozesskette in der Verarbeitung von Daten zu implementieren: Von der Datenerfassung über ihre Vorverarbeitung bis hin zur Visualisierung.

Für viele dieser Prozesse sind Schleifen, d.h. sich wiederholende Programmabschnitte und die bedingte Ausführung von Anweisungen anhand von festgelegten Kriterien notwendig.

Im Allgemeinen gilt für Matlab aber, dass man versuchen sollte Schleifen und Bedingungen soweit möglich zu vermeiden. Matlab ist optimiert für Vektor- und Matrizenoperation und oft lassen sich die mathematischen Berechnungen an sich elegant als Matrixoperation schreiben.

Schleifen und Bedingungen machen auch nur in Skript- und Funktionsdateien wirklich Sinn (siehe Kapitel 3). Im Command Window lassen sich verschachtelte Strukturen nur sehr schwer eingeben.

> **Merke**
> In Matlab lassen sich mathematische Berechnungen leichter und effizienter mit Matrixoperationen implementieren. Schleifen und Bedingungen sollten, falls möglich, vermieden werden.

5.1 Bedingungen

Wie in anderen Programmiersprachen werden in Matalb Bedingungen mit dem Schlüsselwort *if* implementiert. Die Syntax von Matlab unterscheidet sich dabei aber etwas von gängigen Sprachen wie Java, C, C++ oder C#.

Die Grundstruktur sieht dabei in Matlab wie folgt aus:

```
if BEDINGNUG1
```

```
2       BLOCK1
3  elseif BEDINGUNG2
4       BLOCK2
5  else
6       BLOCK3
7  end
```

Wie man sieht, werden in Matlab keine geschweiften Klammern zum Einfassen von Programmblöcken verwendet. Eine *if*-Anweisung muss deshalb immer mit dem Schlüsselwort *end* beendet werden.

Betrachten wir nun ein konkretes Beispiel bei dem wir die Lösungen einer quadratischen Gleichung

$$ax^2 + bx + c = 0$$

berechnen wollen. Dazu definieren wir zunächst drei Variablen *a*, *b*, *c* und legen deren Werte fest. Um zu entscheiden, wieviele Lösungen es gibt, betrachten wir den Wert d der Determinante (der Term unter der Wurzel) der Lösungsformel:

$$x_{1/2} = \frac{-b \pm \sqrt{b^2 - 4ac}}{2a}$$

Quelltext

```
1  a=4;
2  b=2;
3  c=10;
4  d=b^2-4*a*c;
5  if d<0
6       'Keine reelle Lösung'
7  elseif d==0
8       x=-b/(2*a)
9  else
10      x=[(-b-sqrt(d))/(2*a)  (-b+sqrt(d))/(2*a)]
11 end
```

In Zeile 5 überprüfen wir nun, ob der Wert von d kleiner als 0 ist. Ist dies der Fall, dann geben wir den Text "Keine reelle Lösung" aus. Ansonsten überprüfen wir, ob d gleich 0 ist. In diesem Fall berechnen wir die Lösung mit $x = \frac{-b}{2a}$. Der Wurzelterm ist hier 0 und kann weggelassen werden. In allen anderen Fällen berechnen wir einen Vektor mit zwei Einträgen, welcher die beiden Lösungen enthält.

Man beachte, dass der Vergleich der Variable *d* mit einem doppelten Gleichheitszeichen (==) erfolgt. Dies ist bei den meisten Programmiersprachen so, stellt aber eine häufige Fehlerquelle bei Anfängern dar.

Der Ausdruck "nicht gleich" wird in Matlab als $\sim=$ und **NICHT** wie in Java, C++ etc. üblich als != geschrieben.

Beispiel

```
1  if d~=0
```

```
2     'Keine oder zwei Lösungen'
3 end
```

Hinweis: Matlab kann quadratische Gleichungen auch direkt mit Hilfe des Befehls *solve* lösen. Dies behandeln wir jedoch erst in einem späteren Kapitel.

5.2 Schleifen

Mit Schleifen lassen sich Quelltext-Abschnitte mehrfach wiederholen. Dies ist insbesondere für mathematische Algorithmen wichtig. Beim Newton-Verfahren zur numerischen Bestimmung von Nullstellen wird beispielsweise solange eine Annäherung verfeinert bis ein gewünschtes Abbruchkriterium erfüllt ist.

Wir unterscheiden zwei Arten von Schleifen. Die *for*- und die *while*-Schleife.

5.2.1 For-Schleife

Die Grundstruktur einer *for*-Schleife sieht in Matlab dabei z.B. wie folgt aus:

```
1 for i = 1:10
2     BLOCK
3 end
```

Die obige Schleife führt den eingefassten Block genau 10-mal aus. Dabei nimmt die Variable i in jedem Schleifendurchlauf den nächsten Wert der Zahlenreihe $1:10$ an. Hier also zuerst 1, dann 2, 3, ..., 10.

Da Matlab nicht zwischen Zahlenreihen und Vektoren unterscheidet, kann hier auch ein beliebiger Vektor vorkommen.

Beispiel

```
1 for i = [2 3 5 7 11]
2     i
3 end
```

Die obige Schleife gibt nacheinander die Zahlen 2, 3, 5, 7 und 11 aus.

Betrachten wir nun ein konkretes Beispiel: die Berechnung des Skalarprodukts zweier 4-dimensionaler Vektoren x und y. Zunächst legen wir die Werte der beiden Vektoren fest und initialisieren eine Variable s mit dem Wert 0. Die Variable s soll am Ende aller Schleifendurchläufe den Wert des Skalarprodukts enthalten.

Quelltext

```
1 x = [2 5 7 1 4];
2 y = [3 1 9 3 -2];
3 s = 0;
4 for i = 1:5
```

```
5        s = s + x(i)*y(i);
6    end
7    s
```

In Zeile 4 starten wir die Schleife, welche 5-mal durchlaufen wird. In jedem Durchlauf aktualisieren wir den Wert der Variable s, in dem wir zum bisherigen Wert das Produkt der *i*-ten Vektorkomponenten addieren. Die entsprechende Vektor-Komponente erhalten wir dadurch, dass wir die Variable *i* als Index nutzen und so in jedem Durchlauf eine andere Komponente auswählen.

Schließlich geben wir in Zeile 7 den Wert der Variable aus.

Hinweis: Selbstverständlich berechnet man das Skalarprodukt normalerweise effizienter und schneller über den Befehl *dot*.

5.2.2 While-Schleife

Falls zu Beginn des Programmablaufs noch nicht klar ist, wieviele Wiederholungen eine Schleife benötigt, dann nutzen wir eine *while*-Schleife. Diese läuft so lange, bis eine bestimmte Bedingung eintrifft.

Die entsprechende Grundstruktur sieht wie folgt aus:

```
1    while BEDINGUNG
2        BLOCK
3    end
```

Betrachten wir nun ein konkretes Beispiel: Die numerische Annäherung der Wurzel $\sqrt{2}$ mit dem Newton-Verfahren (auch Heron-Verfahren genannt). Das Newton-Verfahren berechnet eigentlich Nullstellen einer Funktion. Wir definieren uns daher zunächst eine Funktion, welche die gesuchte Wurzel als Nullstelle hat. Die einfachste solche Funktion lautet:

$$f(x) = x^2 - 2$$

Nun wählen wir einen Startwert in der Nähe des zu bestimmenden Werts. Wir wählen z.B. $x = 1$. Um uns der Nullstelle anzunähern, gehen wir nach folgender Rechenvorschrift vor:

$$x_{n+1} = x_n - \frac{f(x_n)}{f'(x_n)}$$

Dies machen wir solange, bis sich der Wert nur noch minimal ändert. Als Quelltext ergibt sich dann:

```
1    x=1;
2    oldX=0;
3    while abs(x-oldX)>0.00001
4        oldX = x;
```

```
5      x = x - (x^2-2)/(2*x);
6  end
7  format('long');
8  x
```

In Zeile 2 des Beispiels definieren wir zunächst eine Variable *oldX*, in welcher stets der x-Wert aus dem vorangegangenen Durchlauf gespeichert werden soll. Die Schleife beginnt in Zeile 3. Sie bricht erst ab, wenn der absolute Betrag (Befehl: *abs*) der Differenz des neuen und alten x-Werts unterhalb einer vorgegebenen Schwelle von 0.00001 fällt.

Innerhalb der Schleife merken wir uns zunächst in Zeile 4 den bisherigen x-Wert und aktualisieren x dann anhand der gegebenen Formel. Für die Funktion $f(x) = x^2 - 2$ gilt hierbei $f'(x) = 2x$. Am Ende geben wir den resultierenden x-Wert aus. Damit mehr Nachkommastellen angezeigt werden, ändern wir in Zeile 7 noch das Ausgabeformat auf *format('long')*.

Kapitel 6

Funktionen

Matlab-Funktionen eignen sich dazu eigene Befehle zu implementieren, welche man an verschiedenen Stellen im eigenen Quellcode wiederverwenden kann. Funktionen unterscheiden sich von Skripten dadurch, dass beim Aufruf Parameter übergeben werden können. Zudem kann eine Funktion Variablenwerte zurückgeben.

Ansonsten handelt es sich bei Funktionen um normale Text-Dateien mit Endung *.m*. Wie bei Skripten auch, müssen Funktions-Dateien entweder im Suchpfad von Matlab oder im aktuellen Verzeichnis liegen. Ansonsten kann Matlab diese nicht finden.

Um eine Funktion zu erstellen, klickt man in der Symbolleiste unter *'Home'* auf den Knopf *'New'* und wählt dann *'Function'* aus. Matlab erzeugt dann bereits die entsprechende Grundstruktur einer Funktion.

Es ist aber genauso möglich einfach ein Skript zu erstellen und anschließend den Quelltext einer Funktion einzufügen. Denn wenn eine *.m*-Datei mit dem Schlüsselwort *function* beginnt, so wird diese von Matlab automatisch als Funktion erkannt und im Verzeichnisbaum links auch mit dem entsprechenden Symbol markiert:

Funktions-Dateien haben ein Symbol mit einem kleinen f_x, Skript-Dateien ein Symbol mit dem Matlab-Logo.

Die Grundstruktur einer Funktion sieht wie folgt aus:

```matlab
function [outputArg1,outputArg2] = untitled(inputArg1,
    inputArg2)
    outputArg1 = inputArg1;
    outputArg2 = inputArg2;
end
```

Das Schlüsselwort *function* leitet eine Funktion ein. Direkt danach kommen eventuelle Rückgabewerte. Im Beispiel oben werden zwei Variablen *outputArg1* und *outputArg2* zurückgegeben. Anschließend folgt der Funktions- und Befehlsname, welcher hier *untitled* lautet. In runden Klammern kommen dann die Parameter, welche durch Kommas getrennt sind. Die Funktion hier hat zwei Parameter: *inputArg1* und *inputArg2*.

> **Funktions- und Dateiname**
> Der Name einer Funktion sollte in Matlab immer mit dem Dateinamen (ohne Dateiendung) übereinstimmen, entscheidend ist aber der Dateiname. Beim Aufruf einer Funktion sucht Matlab stets nach der gleichnamigen Funktions-Datei.
> Es ist daher auch nicht möglich mehrere Funktionen in einer Datei zusammenzufassen, wie man es von anderen Programmiersprachen gewöhnt ist.

Im Hauptteil der Funktion können beliebige Berechnungen vorgenommen werden. Insbesondere ist es natürlich auch möglich, andere Funktionen und Befehle aufzurufen. Zusätzlich müssen noch die Werte der Rückgabevariablen gesetzt werden. Eine Funktion endet mit dem Schlüsselwort *end*.

Betrachten wir als konkretes Anwendungsbeispiel wieder das Lösen einer quadratischen Gleichung. Hierfür eignet sich eine Funktion besser als das Skript, welches wir in den vorangegangenen Kapiteln verwendet haben. Denn das Skript mussten wir jedesmal anpassen, wenn sich die Aufgabe und damit die Werte *a*, *b* und *c* geändert haben.

Bei einer Funktion nutzen wir *a*, *b* und *c* als Parameter. Einmal geschrieben, muss diese Funktion dann nie mehr verändert werden. Es ändern sich lediglich die Parameter beim Aufruf der Funktion.

Quelltext

```
function [x1, x2] = solveQuadratic(a, b, c)
    d = b^2-4*a*c;
    x1 = (-b - sqrt(d))/(2*a);
    x2 = (-b + sqrt(d))/(2*a);
end
```

In Zeile 1 schreiben wir die Funktions-Signatur, welche festlegt, dass die Funktion den Namen *solveQuadratic* hat und drei Parameter *a*, *b*, *c* entgegennimmt. Die Variablen *x1* und *x2* werden nach der Berechnung zurückgegeben. Wie man sieht, machen wir hier keine Fallunterscheidung nach der Anzahl an Lösungen. Falls es keine reellen Lösungen gibt, berechnet Matlab die komplexen Lösungen, welche immer vorhanden sind.

Um die Funktion aufzurufen, geben wir folgende Zeile in das *Command Window* oder ein Skript ein:

```
[x1, x2] = solveQuadratic(1,2,1)
```

Dieser Aufruf erzeugt mit den angegebenen Parametern die Ausgabe:

```
1  x1 = -1
2  x2 = -1
```

Die quadratische Gleichung hat in diesem Fall also die doppelte Lösung −1.

Es ist auch möglich, die Funktion *solveQuadratic* in einer der folgenden Formen, d.h. ohne vollständige Angabe der Variablen für die Rückgabewerte, aufzurufen:

```
1  solveQuadratic(1,2,1)
2  x = solveQuadratic(1,2,1)
```

Matlab führt diesen Aufruf problemlos aus, gibt aber nur den ersten Rückgabewert aus. Dies ist für Anfänger vor allem dann verwirrend, wenn diese nicht genau wissen, was als Rückgabe zu erwarten ist.

6.1 Lokale und Globale Variablen

Jede Matlab-Funktion hat seine eigenen lokalen Variablen. Dies bedeutet insbesondere, dass es Variablen mit dem gleichen Namen in mehreren Funktionen geben kann, ohne dass sich diese gegenseitig stören.

Beispiel

Datei *f1.m*:

```
1  function y = f1(x)
2      y = x^2+4;
3  end
```

Datei *f2.m*:

```
1  function y = f2(x)
2      y = sqrt(x);
3  end
```

Die beiden Variablen *y* in den beiden Funktionen *f1* und *f2* sind unabhängig voneinander.

Um Variablen zwischen Funktionen zu teilen, lassen sich diese als *global* deklarieren. Damit lässt sich von überall auf den gleichen Wert zugreifen.

Beispiel

Datei *f1.m*:

```
1  function y = f1(x)
2      global c
3      c = 2;
4      y = c*(x^2+4);
5  end
```

Datei *f2.m*:

```
1  function y = f2(x)
2      global c
3      y = c*sqrt(x);
4  end
```

In der Funktion *f1* legen wir eine globale Variable an. Auf diese lässt sich in *f2* zugreifen. Dazu wird dort ebenfalls der Befehl *global* mit dem Variablennamen c aufgerufen. An dieser Stelle lesen wir den Wert von c aber nur und schreiben ihn nicht wie zuvor in Zeile 3 der Funktion *f1*.

Auf globale Variablen lässt sich auch aus dem *Workspace*, d.h. im *Command Window* oder in einem Skript zugreifen.

Beispiel

Datei *script.m*

```
1  f1(4)  % prints value 40
2  f2(4)  % prints value 4
3  global c
4  c  % prints value 2
```

Im obigen Beispiel rufen wir zunächst die Funktion *f1* auf. Dort wird die globale Variable angelegt und mit dem Wert 2 beschrieben. Beim Aufruf von *f2* erhalten wir damit den Wert $c \cdot \sqrt{x} = 2 \cdot \sqrt{4} = 4$. Schließlich greifen wir nochmal vom Skript *script.m* aus auf die Variable c zu und geben deren Wert aus.

Achtung: Existiert bereits eine lokale Variable mit dem gleichen Namen wie die globale Variable, dann erhält man beim Aufruf von *global* eine Warnmeldung. Die lokale Variable wird dann durch die globale Variable überschattet. Nachfolgende Verwendungen des Variablennamens beziehen sich dann immer auf die globale Variable.

6.2 Function Handles

Manche Befehle benötigen als Parameter eine Funktion. Ein einfaches Beispiel dafür ist der Befehl *fplot*, mit welchem man mathematische Funktionen plotten kann. Der Befehl benötigt zwei Parameter: eine Funktion sowie ein Bereich an x-Werten, in welchem die Funktionswerte gezeichnet werden sollen.

Als Beispiel betrachten wir die Funktion der Normalparabel $f(x) = x^2$. Diese lässt sich in Matlab wie folgt implementieren:

```
1  function y = f(x)
2      y = x^2;
3  end
```

Der Aufruf von *fplot* erfolgt anschließend in der folgenden Form:

```
1  fplot(@f, [-3 3]);
```

Wie man sieht, ist dem ersten Parameter ein @ vorangestellt. Dies ist notwendig, damit Matlab eine normale Variable von einem Verweis auf eine Funktion unterscheiden kann. Man nennt so einen Verweis **function handle**. Wenn wir also einem Befehl eine Funktion als Parameter übergeben wollen, dann nutzen wir einen *function handle*, welcher sich aus einem @ und dem Funktionsnamen zusammensetzt.

Der Bereich, in welchem der Funktionsgraph gezeichnet werden soll, wird durch einen Vektor mit zwei Komponenten für die untere und obere Grenze festgelegt.

Der Befehl *fplot* erzeugt einen Graphen, indem er die übergebene Funktion an x-Werten im Bereich zwischen den gegebenen Grenzen auswertet. Dabei versucht Matlab die Funktion auf einen ganzen Vektor von x-Werten anzuwenden. Denn Vektoroperationen sind in Matlab besonders schnell und effizient.

Im Fall unseres Beispiels funktioniert dies leider nicht. Wir erhalten die folgende Warnmeldung:

"Warning: Function behaves unexpectedly on array inputs. To improve performance, properly vectorize your function to return an output with the same size and shape as the input arguments."

Es wird also empfohlen unsere Funktion zu "vektorisieren". D.h. wir sollten sicherstellen, dass der Parameter *x* auch ein Vektor sein kann. Dies lässt sich hier dadurch bewerkstelligen, dass wir mit Hilfe des Operators .^ komponentenweise Potenzieren:

```
function y = f(x)
    y = x.^2;
end
```

Wenn man nur schnell einen Funktionsgraphen darstellen möchte, ist obige Vorgehensweise immer noch vergleichsweise aufwendig. In einfachen Fällen geht dies schneller, indem man einen *function handle* auf eine anonyme Funktion erzeugt, welche man im Aufruf selbst anlegt. Für unser Beispiel ließe sich dies wie folgt implementieren:

```
fplot(@(x) x.^2, [-3 3]);
```

Ein *function handle* auf eine anonyme Funktion besteht aus einem @, welches direkt von runden Klammern mit den Parametern gefolgt wird. Danach wird die zugehörige Rechenvorschrift angegeben.

Teil II

Aufgaben und Anwendungsbeispiele

Kapitel 7

Lösen linearer Gleichungssysteme

Lineare Gleichungssysteme (LGS) treten bei vielen technischen Problemstellungen auf: Von der technischen Mechanik, über die Computer-Tomographie bis hin zu Optimierungsverfahren z.B. in der Logistik. In der Praxis können diese Gleichungssysteme sogar sehr groß werden und Dutzende von Variablen enthalten.

Da das Lösen linearer Gleichungssysteme auf Papier mit dem Gauß-Algorithmus zudem sehr aufwändig und fehleranfällig ist, eignet sich hier ein Rechner ganz besonders gut. Im folgenden betrachten wir, wie verschiedene Arten von LGS mit Matlab gelöst werden können.

7.1 Darstellung von Gleichungssystemen

Ein LGS der Form

$$\begin{aligned} a_{11}x_1 + \ldots + a_{1n}x_n &= b_1 \\ \vdots \quad \ddots \quad \vdots &\quad \vdots \\ a_{m1}x_1 + \ldots + a_{mn}x_n &= b_1 \end{aligned}$$

kann mathematisch äquivalent in der folgenden Matrix-Schreibweise geschrieben werden:

$$\begin{pmatrix} a_{11} & \cdots & a_{m1} \\ \vdots & \ddots & \vdots \\ a_{m1} & \cdots & a_{mn} \end{pmatrix} \cdot \begin{pmatrix} x_1 \\ \vdots \\ x_n \end{pmatrix} = \begin{pmatrix} b_1 \\ \vdots \\ b_n \end{pmatrix}$$

Denn multipliziert man die obenstehende Matrix und den Vektor auf der linken Seite aus, dann erhält man in jeder Zeile genau die Summe der a_{ij} und x_j der ursprünglichen Darstellung des LGS.

Oft wird so ein LGS in Matrix-Schreibweise auch kurz in der Form

$$A \cdot x = b$$

geschrieben, wobei die Matrix A aus den Einträgen a_{ij} besteht, der Vektor x aus den Komponenten x_i und b aus den Komponenten b_i.

Auf Papier verwenden wir zudem die folgende Kurzschreibweise für ein LGS:

$$\left(\begin{array}{ccc|c} a_{11} & \cdots & a_{1n} & b_1 \\ \vdots & \ddots & \vdots & \vdots \\ a_{m1} & \cdots & a_{mn} & b_n \end{array} \right)$$

bei welcher Matrix A und der Vektor b nur durch einen vertikalen Strich getrennt sind.

Um solche Gleichungssysteme zu lösen, bietet Matlab verschiedene Verfahren an.

7.2 Ansatz über die inverse Matrix

Existiert zu einer Matrix A eine Matrix A^{-1} für die gilt:

$$A^{-1} \cdot A = \begin{pmatrix} 1 & \cdots & 0 \\ \vdots & \ddots & \vdots \\ 0 & \cdots & 1 \end{pmatrix} = E$$

so nennen wir A^{-1} die inverse Matrix zu A. Die Matrix E, welche Einsen auf der Diagonalen und sonst nur Nullen enthält, nennen wir Einheitsmatrix.

Die inverse Matrix von A lässt sich in Matlab leicht berechnen dazu schreiben wir einfach die Operation:

```
A^(-1)
```

Matlab kann also nicht nur Zahlen potenzieren, sondern auch Matrizen.

Alternativ existiert auch der Matlab-Befehl *inv*, der ebenfalls die inverse Matrix berechnet:

```
inv(A)
```

Um mit Hilfe der inversen Matrix ein LGS zu lösen, schreiben wir es zunächst in der Form $A \cdot x = b$ und lösen die Gleichung einfach nach x auf, indem wir mit der inversen Matrix A^{-1} multiplizieren. Mathematisch erhalten wir dann:

$$A^{-1} \cdot A \cdot x = A^{-1} \cdot b$$
$$E \cdot x = A^{-1} \cdot b$$
$$x = A^{-1} \cdot b$$

Damit haben wir das LGS nach x aufgelöst und das Berechnen der rechten Seite liefert die gewünschte Lösung.

Achtung: Die Multiplikation ist bei Matrizen nicht kommutativ. D.h. man kann die Reihenfolge bei der Multiplikation nicht wie sonst vertauschen. Das Produkt $A \cdot B$ zweier Matrizen ist also nicht unbedingt das gleiche wie das Produkt $B \cdot A$. Man sieht das auch leicht daran, dass sich das zu $A^{-1} \cdot b$ vertauschte Produkt $b \cdot A^{-1}$ gar nicht berechnen lässt. Die Anzahl der Zeilen und Spalten stimmt dabei nicht so überein, dass man eine Matrix-Multiplikation durchführen kann.

Die Lösung in Matlab würde analog wie folgt aussehen:

```
x=A^(-1)*b
```

Dieser Lösungsansatz funktioniert leider nicht in allen Fällen, sondern nur dann, wenn die inverse Matrix existiert. Dies setzt unter anderem voraus, dass die Matrix A quadratisch ist. Ist eine Matrix nicht invertierbar, dann erhalten wir von Matlab eine Warnmeldung:

> Warning: Matrix is singular to working precision.

Um vorher zu testen, ob eine Matrix invertierbar ist, kann man auch den Befehl *rank* benutzen, welcher den Rang einer Matrix berechnet. Der Rang sagt aus, wie viele linear unabhängige Zeilenvektoren eine Matrix hat. Sind die Zeilen einer Matrix linear abhängig, dann entsteht bei der Durchführung des Gauss-Algorithmus für das LGS auf der linken Seite eine Nullzeile.

Ein Matrix ist nur dann invertierbar, wenn sie quadratisch ist und ihr Rang, der Anzahl der Zeilen entspricht. Dies bedeutet, dass alle Zeilen linear unabhängig sind.

In Matlab könnten wir dies z.B. durch folgende Zeile überprüfen:

```
size(A,1)==size(A,2) && rank(A)==size(A,1)
```

Dabei vergleichen wir zunächst die Anzahl der Zeilen und Spalten mit Hilfe von *size(A,1)* bzw *size(A,2)*. Anschließend vergleichen wir den Rang mit der Zeilenanzahl. Sind beide Bedingungen erfüllt, dann liefert Matlab den Wert 1 zurück. Schlägt mindestens eine Bedingung fehl, dann generiert Matlab den Wert 0.

Bemerkung: Der Rang einer Matrix und die inverse Matrix können auf Papier mit Hilfe des Gauß-Algorithmus berechnet werden.

7.3 Ansatz über Linksdivision

Ist eine LGS überbestimmt, d.h. existieren mehr Gleichungen als Variablen, dann ist die zugehörige Matrix nicht quadratisch. Es existiert damit keine Inverse zu dieser Matrix. Die Lösung kann daher nicht wie oben berechnet werden.

Trotzdem haben solche LGS oft eindeutige Lösungen. Auf Papier würden bei der Durchführung des Gauss-Algorithmus Nullzeilen entstehen, welche man wegstreichen könnte, so dass genauso viele Zeilen wie Variablen übrig bleiben.

Mit Matlab lassen sich solche LGS mit der sogenannten Linksdivision lösen. Dazu benutzt man den Operator \. Dieser funktioniert vergleichbar zum normalen Divisions-Operator /, wobei der Term auf der linken Seite des Operators den Nenner darstellt.

Beispiel

```
x = A \ b
```

Im Beispiel oben teilen wir also sozusagen b durch A.

Hinweis: Der normale Divisions-Operator mit A/b kann nur verwendet werden, wenn b eine Zahl ist, ansonsten ist so eine Operation nicht definiert.

Die Linksdivision liefert nicht nur dann eine Lösung, wenn das LGS eindeutig lösbar ist. Für überbestimmte LGS, welche nicht lösbar sind, versucht Matlab eine Näherungslösung zu finden. Dies geschieht ohne Warnmeldung.

Beispiel

$$\left(\begin{array}{ccc|c} 3 & 2 & 1 & 10 \\ 2 & -1 & 4 & 12 \\ -3 & 5 & -2 & 1 \\ 1 & 1 & 1 & 6 \end{array} \right)$$

Dieses LGS ist überbestimmt. Es hat 4 Gleichungen und 3 Variablen. In Matlab ließe sich die Lösung wie folgt berechnen.

```
A=[3 2 1; 2 -1 4; -3 5 -2; 1 1 1];
b = [10; 12; 1; 6];
x = A\b % computes x=[1;2;3]
```

Die Linksdivision liefert dabei die, für dieses LGS eindeutige Lösung $x = \begin{pmatrix} 1 \\ 2 \\ 3 \end{pmatrix}$. Verändern wir jedoch den Vektor b in der letzten Komponente, dann ist das LGS nicht mehr lösbar. Denn die Werte der Variablen werden bereits durch die ersten drei Gleichungen eindeutig festgelegt. Die letzte Gleichung widerspricht nun diesen drei Gleichungen. Führen wir die Linksdivision aber mit Matlab aus:

```
A=[3 2 1; 2 -1 4; -3 5 -2; 1 1 1];
b = [10; 12; 1; 7];
x = A\b % computes [1.0292;2.05997;3.0515]
```

dann erhalten wir den Vektor $x = \begin{pmatrix} 1.0292 \\ 2.05997 \\ 3.0515 \end{pmatrix}$. Dies ist die beste Näherung, welche Matlab finden kann. Es ist aber **keine** echte Lösung. Wir können das durch eine Probe überprüfen. Multiplizieren wir die Matrix A mit diesem Vektor x, dann erhalten wir einen Vektor, der vom vorgegeben Vektor b abweicht.

Mit folgendem Quellcode:

```
x = A\b;
b2 = A*x % computes [10.2591; 12.2046; 1.1091; 6.1407]
```

erhalten wir den Vektor $b_2 = \begin{pmatrix} 10.2591 \\ 12.2046 \\ 1.1091 \\ 6.1407 \end{pmatrix}$.

> **Merke: Linksdivision**
>
> 1. Die Linksdivision zum Lösen von LGS funktioniert für alle Fälle, in welchen eine eindeutige Lösung des LGS existiert. Also insbesondere auch für die Fälle, in welchen die inverse Matrix benutzt werden kann. Im Allgemeinen ist daher die Linksdivision vorzuziehen.
>
> 2. Die Linksdivision liefert eine Näherungslösung, falls das LGS überbestimmt und nicht lösbar ist. Für eine berechnete Lösung x sollte daher stets die Probe gemacht werden.

Hinweis: Die Linksdivision $A\backslash B$ kann auch mit dem Befehl *mldivide(A,b)* durchgeführt werden. *mldivide* steht dabei für "matrix left divide".

7.4 Stufenform und schrittweises Lösen eines LGS

Beim händischen Lösen linearer Gleichungssysteme bringen wir das LGS mit des Gauß-Algorithmus auf eine Stufenform. Diese lässt sich mit Matlab durch den Befehl *rref* (kurz für englisch: row reduced echolon form) erzeugen.

Der Befehl *rref* nimmt nur einen Parameter entgegen. Um bei den Umformungen des Gauß-Algorithmus die rechte Seite b zu berücksichtigen, können wir eine Matrix M bestehend aus A und b erzeugen und *rref* dann aufrufen auf:

```
M=horzcat(A,b); % concatenate A and b horizontally
result = rref(M)
```

Der Befehl *horzcat* steht dabei kurz für "horizontal concatenation", was übersetzt horizontales Zusammenfügen bedeutet. Die resultierende Matrix hat dann eine zusätzliche Spalte mit den Komponenten von b.

Mit Hilfe von *rref* lässt sich damit leicht überprüfen, ob eine Rechnung auf Papier korrekt durchgeführt wurde, in dem man die errechnete Stufenform vergleicht.

Will man jeden Einzelschritt des Gauss-Algorithmus mit dem Computer überprüfen, dann kann man Zeilen der Matrix M auch direkt verrechnen. Betrachten wir dazu ein Beispiel.

$$\begin{aligned} 3x + 2y + z &= 10 \\ 2x - y + 4z &= 12 \\ -3x + 5y - 2z &= 1 \end{aligned}$$

Um das LGS zu lösen, stellen es wir zunächst die zugehörige Matrix A und den Vektor b auf:

```
A =[3 2 1; 2 -1 4; -3 5 -2];
b = [10; 12;1];
```

Auf Papier können wir hierfür auch die folgende Kurzdarstellung verwenden:

$$\begin{pmatrix} 3 & 2 & 1 & | & 10 \\ 2 & -1 & 4 & | & 12 \\ -3 & 5 & -2 & | & 1 \end{pmatrix}$$

Das LGS könnten wir direkt mit der Linksdivision $A\backslash b$ lösen. Um die Einzelschritte des Gauss-Algorithmus durchzuführen, fügen wir A und b mit dem Befehl *horzcat* zusammen. Die ersten beiden Zeilen könnten wir dann wie folgt verrechnen:

```
M = horzcat(A,b);
M(2,:) = 2*M(1,:) - 3*M(2,:);
```

Hierbei beziehen wir uns auf die erste und zweite Zeile von M mit $M(1,:)$ und $M(2,:)$. Details zu dieser Schreibweise und der Indexierung von Matrizen wurden in Kapitel 2 besprochen.

Im obigen Beispiel aktualisieren wir also Zeile 2 von M, indem wir die Zeile 1 mit dem Faktor 2 multiplizieren und davon das dreifache der Zeile 2 abziehen. Dadurch entsteht wie im Gauss-Algorithmus gefordert an der ersten Stelle der zweiten Zeile eine Null. Die weiteren Operationen zur Herstellung der Stufenform könnten dann wie folgt durchgeführt werden:

```
M(2,:) = 2*M(1,:) - 3*M(2,:);
M(3,:) = M(1,:) + M(3,:);
```

Es ergibt sich dadurch das folgende Zwischenergebnis in Kurzdarstellung:

$$\begin{pmatrix} 3 & 2 & 1 & | & 10 \\ 0 & 7 & -10 & | & -16 \\ 0 & 7 & -1 & | & 11 \end{pmatrix}$$

Nun können wir noch Zeile 2 und 3 verrechnen um die Stufenform zu erhalten:

```
M(3,:) = M(2,:) - M(3,:);
```

$$\begin{pmatrix} 3 & 2 & 1 & | & 10 \\ 0 & 7 & -10 & | & -16 \\ 0 & 0 & -9 & | & -27 \end{pmatrix}$$

7.5 LGS mit unendlich vielen Lösungen

Ein LGS kann keine Lösung, eine Lösung oder unendliche viele Lösungen haben. Entscheidend dafür ist der Aufbau der Matrix A. Bei den bisherigen Beispielen haben wir ins vor allem auf den Fall einer einzigen Lösung konzentriert. Im Folgenden wollen wir uns anschauen, wie man Fälle behandelt, in denen ein LGS unendlich viele Lösungen aufweist.

7.5.1 Homogene LGS

Wir betrachten dazu zunächst homogene LGS. Das sind Gleichungssysteme bei denen die rechte Seite aus Nullen besteht. Es hat also die Form:

$$A \cdot x = \begin{pmatrix} 0 \\ \vdots \\ 0 \end{pmatrix}$$

wobei A wieder eine Matrix und x ein Vektor mit den Variablen ist.

Ein homogenes LGS hat immer die triviale Lösung $x = \begin{pmatrix} 0 \\ \vdots \\ 0 \end{pmatrix}$. Denn das Produkt einer beliebigen Matrix A mit dem Nullvektor $\begin{pmatrix} 0 \\ \vdots \\ 0 \end{pmatrix}$ ergibt immer den Wert 0.

Existiert neben dem Nullvektor ein weiterer Lösungsvektor v mit $A \cdot v = \begin{pmatrix} 0 \\ \vdots \\ 0 \end{pmatrix}$, dann sind auch automatisch alle Vielfachen dieses Vektors ebenfalls eine Lösung. Denn es gilt:

$$A \cdot (t \cdot v) = t \cdot (A \cdot v) = t \cdot \left(\begin{pmatrix} 0 \\ \vdots \\ 0 \end{pmatrix} \right) = \begin{pmatrix} 0 \\ \vdots \\ 0 \end{pmatrix} \qquad t \in \mathbb{R}$$

> **Merke**
> Ein homogenes LGS der Form
>
> $$A \cdot x = \begin{pmatrix} 0 \\ \vdots \\ 0 \end{pmatrix}$$
>
> hat entweder nur die triviale Lösung $\begin{pmatrix} 0 \\ \vdots \\ 0 \end{pmatrix}$ oder unendlich viele Lösungen.
>
> Existiert ein Lösungsvektor v, dann lösen auch auch alle Vielfachen $t \cdot v$ ($t \in \mathbb{R}$) das LGS.

Unendlich viele Lösungen lassen sich weder über die Inverse-Matrix noch mit Hilfe der Linksdivision berechnen. Zur Lösung benutzen wir stattdessen den Befehl *null*, welcher den sogenannten Nullraum berechnet. Der Nullraum enthält alle Vektoren v, welche mit $A \cdot v$ auf den Nullvektor abgebildet werden. Dies sind genau unsere Lösungsvektoren.

Der Befehl *null* nimmt als Parameter die Matrix A entgegen und gibt eine Matrix R zurück. Die Vektoren in den Spalten dieser Matrix R sind Lösungsvektoren des homogenen LGS.

```
R=null(A)
```

Wie vorhin ausgeführt, ist bei homogenen LGS jedes Vielfache einer Lösung ebenfalls wieder eine Lösung. Die Spalten der Ergebnismatrix stellen daher eine Basis des Lösungsraums dar. Betrachten wir dazu das folgende Beispiel:

$$\left(\begin{array}{ccc|c} 1 & 2 & -1 & 0 \\ -3 & -6 & 3 & 0 \\ 7 & 14 & -7 & 0 \end{array} \right)$$

Mit Hilfe von Matlab lösen wir dieses LGS wie folgt. Ein Vektor b muss hier nicht explizit spezifiziert werden, denn bei homogenen LGS ist b stets der Nullvektor.

Beispiel

```
A = [1 2 -1;-3 -6 3;7 14 -7];
R = null(A) % computes a matrix R
```

Die resultierende Matrix R enthält in diesem Beispiel die folgenden Werte

$$R = \begin{pmatrix} -0.9129 & 0 \\ 0.3651 & -0.4472 \\ -0.1826 & -0.8944 \end{pmatrix}$$

Die Vektoren $v_1 = \begin{pmatrix} -0.9129 \\ 0.3651 \\ -0.1826 \end{pmatrix}$ und $v_2 = \begin{pmatrix} 0 \\ -0.4472 \\ -0.8944 \end{pmatrix}$ lösen also das homogene LGS. Jedes Vielfache von v_1 und v_2 löst das LGS damit ebenfalls. Es ist sogar so, dass jede Linearkombination von v_1 und v_2 das LGS löst. Denn es gilt:

$$A \cdot (t \cdot v_1 + u \cdot v_2) = t \cdot (A \cdot v_1) + u \cdot (A \cdot v_2) = t \begin{pmatrix} 0 \\ \vdots \\ 0 \end{pmatrix} + u \begin{pmatrix} 0 \\ \vdots \\ 0 \end{pmatrix} = \begin{pmatrix} 0 \\ \vdots \\ 0 \end{pmatrix}$$

Die Spalten von R stellen damit eine Basis des Lösungsraums dar.

> **Nullraum**
>
> 1. Der Befehl *null* berechnet eine Basis des sogenannten Nullraums, welcher den Lösungsraum eines homogenen LGS darstellt. Jede Linearkombination der Spaltenvektoren in der Ausgabematrix von *null* stellt selbst wieder eine Lösung dar.
>
> 2. Hat ein homogenes LGS nur die triviale Lösung $\begin{pmatrix} 0 \\ \vdots \\ 0 \end{pmatrix}$, dann gibt *null* eine leere Matrix zurück.

7.5.2 Inhomogene LGS

Ein inhomogenes LGS ist von der Form

$$A \cdot x = b \quad \text{mit} \quad b \neq \begin{pmatrix} 0 \\ \vdots \\ 0 \end{pmatrix}$$

Der Vektor b weicht also vom Nullvektor ab und hat mindestens eine Komponente, welche ungleich Null ist. Bei einem inhomogenen LGS können ebenfalls unendlich viele Lösungen existieren. Die Lösungen lassen sich dann als Summe einer speziellen Lösung x_s und den Lösungen des zugehörigen homogenen LGS darstellen.

Beispiel

$$\left(\begin{array}{ccc|c} 1 & 2 & -1 & 2 \\ 3 & -2 & 2 & 5 \\ -5 & 6 & -5 & -8 \end{array} \right)$$

Für obiges LGS lässt sich die spezielle Lösung mit Matlab berechnen. Dazu verwenden wir entweder die Linksdivision oder die sogenannte Pseudo-Inverse, welche man wie die Inverse-Matrix benutzen kann. Als Quellcode erhalten wir die zwei folgenden möglichen Varianten.

Variante 1

```
A = [1 2 -1;3 -2 2;-5 6 -5];
b = [2; 5 ;-8];
xs = A\b
```

Variante 2

```
A = [1 2 -1;3 -2 2;-5 6 -5];
b = [2; 5 ;-8];
xs = pinv(A)*b;
```

In Variante 2 berechnen wir mit dem Befehl *pinv* die Pseudo-Inverse, welche wir mit b multiplizieren, um eine spezielle Lösung zu erhalten.

Achtung: Wenn das LGS unendlich viele Lösungen hat, dann ist die spezielle Lösung nicht eindeutig. Linksdivision und Pseudo-Inverse berechnen verschiedene spezielle Lösungen. Ist ein inhomogenes LGS eindeutig lösbar, so erhält man mit den folgenden Befehlen dieselbe Lösung:

```
A = [1 2 -1;3 -2 2;-5 6 -5];
xs = A\b
xs = A^(-1)*b
xs = pinv(A)*b
```

Kennen wir eine spezielle Lösung x_s und die Lösungen des zugehörigen homogenen LGS, dann lassen sich alle Lösungen als Summe dieser Lösungen berechnen. Für unser Beispiel nutzen wir die folgende Berechnung:

```
A = [1 2 -1;3 -2 2;-5 6 -5];
b=[2;5;-8];
xs = pinv(A)*b
v = null(A)
```

Neben der speziellen Lösung x_s berechnen wir dabei in Zeile 4 den Lösungsraum des homogenen LGS $A \cdot x = \begin{pmatrix} 0 \\ \vdots \\ 0 \end{pmatrix}$. Wir erhalten dafür eine Matrix mit nur einem Spaltenvektor, dem Vektor $v = \begin{pmatrix} -0.2074 \\ 0.5185 \\ 0.8296 \end{pmatrix}$.

Insgesamt ist die Summe $x_s + t \cdot v$ $(t \in \mathbb{R})$ ebenfalls eine Lösung des inhomogenen LGS $A \cdot x = b$, denn es gilt:

$$A \cdot (x_s + t \cdot v) = A \cdot x_s + A \cdot (t \cdot v) = A \cdot x_s + \begin{pmatrix} 0 \\ \vdots \\ 0 \end{pmatrix} = b$$

In Matlab lässt sich dies auch beispielhaft für $t = 5$ überprüfen, indem wir folgende Befehle aufrufen:

```
t=5;
A*(xs+t*v) % computes b
```

Als Ergebnis erhalten wir wieder den Vektor b.

> **Anzahl der Lösungen bei LGS**
>
> - Ein homogenes LGS hat mindestens eine triviale Lösung: den Nullvektor.
> - Eine inhomogenes LGS hat eine eindeutige Lösung, wenn die erweiterte Matrix M bestehend aus Spalten von A und dem Vektor b den gleichen Rang hat wie die Matrix A alleine.
>
> ```
> M=horzcat(A,b)
> rank(M)==rank(A)
> ```
>
> Ist der Rang von M größer, dann hat das LGS keine Lösung.
>
> - Ein LGS hat unendlich viele Lösungen, wenn der Rang von A kleiner ist als die Anzahl der Spalten von A.
>
> ```
> rank(A)<size(A,2)
> ```

Kapitel 8

Aufgaben in der Vektor- und Matrizenrechnung

Für mathematische Aufgaben im Bereich Vektor- und Matrizenrechnung können wir die bereits kennengelernten Schreibweisen für Vektoren und Matrizen verwenden. Zusätzlich bietet Matlab eine Reihe von Befehlen an, welche uns beim Lösen von Anwendungsaufgaben behilflich sein können.

Wir betrachten zunächst einige dieser grundlegenden Befehle und gehen dann zu konkreten Anwendungsaufgaben über.

8.1 Skalar- und Kreuzprodukt von Vektoren

Das Skalarprodukt zweier Vektoren x und y mit den Komponenten $x_1, \ldots, x_n$ und $y_1, \ldots, y_n$ ist mit Hilfe der folgenden Formel definiert. Wir schreiben dabei das Skalarprodukt in der Form $\langle x; y \rangle$:

$$\langle x; y \rangle = \sum_{i=1}^{n} x_i \cdot y_i$$

Der Name des zugehörigen Matlab-Befehls orientiert sich wie immer am zugehörigen englischen Begriff. Das Skalarprodukt wird im Englischen als "inner product" oder "dot product" bezeichnet. Der entsprechende Befehl heißt daher *dot*.

Beispiele

```
1  dot([1;1;0],[-1;1;0]) % ans = 0
2  dot([1;2],[2;3]) % ans = 8
```

Das Skalarprodukt kann für Vektoren beliebiger Dimensionalität berechnet werden. Im Beispiel berechnen wir in Zeile 1 das Skalarprodukt der Vektoren $\begin{pmatrix} 1 \\ 1 \\ 0 \end{pmatrix}$ und $\begin{pmatrix} -1 \\ 1 \\ 0 \end{pmatrix}$, welches den Wert 0 ergibt. In Zeile 2 wird das Skalarprodukt der Vektoren $\begin{pmatrix} 1 \\ 2 \end{pmatrix}$ und $\begin{pmatrix} 2 \\ 3 \end{pmatrix}$ berechnet. Dieses hat den Wert 8.

Alternativ zum Befehl *dot*, kann man das Skalarprodukt auch über die Matrix-Multiplikation berechnen. Denn mathematisch ergibt sich derselbe Wert, wenn man den ersten Vektor als Zeilenvektor mit dem zweiten Vektor als Spaltenvektor multipliziert. Dazu transponieren wir zunächst den ersten Vektor und erhalten anstatt der Zeile 2 von oben:

```
[1;2]'*[2;3]  % ans = 8
```

Die resultierende Wert ist somit ebenfalls 8.

Das Kreuzprodukt zweier Vektoren x und y ist ausschließlich für dreidimensionale Vektoren definiert. Es berechnet einen Vektor Z, der senkrecht auf x und y steht. Dabei gilt die folgende Formel:

$$z = \begin{pmatrix} x_1 \\ x_2 \\ x_3 \end{pmatrix} \times \begin{pmatrix} y_1 \\ y_2 \\ y_3 \end{pmatrix} = \begin{pmatrix} x_2 y_3 - x_3 y_2 \\ x_3 y_1 - x_1 y_3 \\ x_1 y_2 - x_2 y_1 \end{pmatrix}$$

Im Englischen heißt das Kreuzprodukt "cross product", weshalb der Matlab-Befehl den Namen *cross* trägt:

Beispiel

```
cross([1;1;0],[0;1;-1])  % ans = [-1;1;1]
```

Im Beispiel berechnen wir das Kreuzprodukt der Vektoren $\begin{pmatrix} 1 \\ 1 \\ 0 \end{pmatrix}$ und $\begin{pmatrix} 0 \\ 1 \\ -1 \end{pmatrix}$, was den Vektor $\begin{pmatrix} -1 \\ 1 \\ 1 \end{pmatrix}$ ergibt.

Hinweis: Die Länge des resultierenden Vektors des Kreuzprodukts $x \times y$ entspricht genau dem Flächeninhalt des, von diesen beiden Vektoren aufgespannten Parallelogramms. Dies ist insbesondere bei Anwendungen in der Physik von Bedeutung.

8.2 Betrag, Norm und Winkel zwischen Vektoren

Die Länge eines Vektors x wird oft als Betrag des Vektors bezeichnet. In der höheren Mathematik bezeichnen wir die Länge auch als Norm und kürzen diese mit der Schreibweise $\|x\|$ ab. Dabei basiert die mathematische Definition der Länge eines Vektors x mit den Komponenten $x_1, \ldots, x_n$ auf der folgenden Formel:

$$\|x\| = \sqrt{\langle x; x \rangle} = \sqrt{x_1^2 + \ldots + x_n^2}$$

Der Matlab-Befehl zur Berechnung der Länge eines Vektors heißt daher schlicht *norm*.

Beispiel
```
norm([3;4;0]) % ans = 5
norm([1;1;0;1]) % ans = 1.7321
```

Wie man im Beispiel sieht, kann die Norm für Vektoren verschiedener Dimensionalität berechnet werden.

Der Winkel α zwischen zwei Vektoren lässt sich mit Hilfe der folgenden Formel berechnen:

$$cos(\alpha) = \frac{\langle x; y \rangle}{\|x\| \cdot \|y\|}$$

In Matlab könnte eine Berechnung dann wie in folgendem Beispiel aussehen:
```
v1 = [1; 1];
v2 = [1; 0];
alpha = acos( dot(v1,v2)/(norm(v1)*norm(v2)) )
```

In Zeile 3 berechnen wir dabei zunächst die rechte Seite der oben aufgeführten Formel und rufen dann den Befehl *acos* für die Umkehrfunktion des Kosinus auf. Der resultierende Winkel wird von Matlab im Bogenmaß berechnet. Hier erhalten wir den Wert 0.7854, was $\frac{\pi}{4}$ im Bogenmaß und $45°$ im Gradmaß entspricht.

Schneller geht diese Berechnung mit dem Befehl *subspace*, der den Winkel zwischen zwei Vektoren direkt berechnen kann. Um den Winkel im Gradmaß zu erhalten, rufen wir zusätzlich den Befehl *radtodeg* auf:
```
alpha = subspace(v1, v2); % computes pi/4
alphaD = radtodeg(alpha) % computes 45
```

Bemerkung: Analog zum Befehl *radtodeg* existiert auch der Befehl *degtorad*, welcher einen Winkel im Gradmaß ins Bogenmaß konvertiert.

8.3 Lineare Unabhängigkeit von Vektoren

Eine Menge von Vektoren $v_1, \ldots, v_n$ ist linear unabhängig, wenn folgendes LGS nur die triviale Lösung hat:

$$c_1 \cdot v_2 + \ldots + c_n v_n = \begin{pmatrix} 0 \\ \vdots \\ 0 \end{pmatrix}$$

Anstatt dieses LGS zu lösen, können wir in Matlab auch den Rang der Matrix bestehend aus den Vektoren v_i als Zeilenvektoren berechnen. Der Rang einer Matrix gibt an, wieviele Zeilen einer Matrix linear unabhängig sind.

Betrachten wir dazu das folgende Beispiel:

$$v_1 = \begin{pmatrix} 1 \\ 2 \\ 7 \end{pmatrix}; \quad v_2 = \begin{pmatrix} 2 \\ -3 \\ 2 \end{pmatrix}; \quad v_3 = \begin{pmatrix} -4 \\ 1 \\ 1 \end{pmatrix}$$

In Matlab überprüfen wir die lineare Unabhängigkeit dann mit:

```
v1=[1; 2; 7];
v2=[2; -3; 2];
v3=[-4; 1; 1];
A=[v1';v2';v3']
rank(A)
```

In den Zeilen $1-3$ legen wir die Vektoren v_i fest. Anschließend bilden wir aus diesen eine Matrix A. Dabei transponieren wir die Vektoren v_i, um diese als Zeilen der Matrix benutzen zu können. Schließlich rufen wir in Zeile 5 den Befehl *rank* auf, welcher den Rang der Matrix berechnet. In unserem Beispiel ist der Rang 3. Die Vektoren sind damit linear unabhängig. Wäre der Rang kleiner als 3, dann wären die Vektoren linear abhängig.

8.4 Bestimmung eines Punkts auf einer Strecke

Punkte im Raum lassen sich mathematisch durch ihre Ortsvektoren beschreiben. Ein Ortsvektor führt dabei vom Koordinatenursprung bis zum Punkt selbst. Für einen Punkt $P(2;3;4)$ lautet der zugehörige Ortsvektor also $p = \begin{pmatrix} 2 \\ 4 \\ 3 \end{pmatrix}$.

Sind zwei Punkte im Raum gegeben, so beschreiben diese eine Strecke.

Beispiel

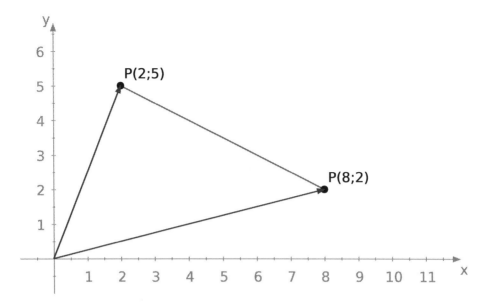

Die Richtung und Länge der Strecke berechnet sich als Differenz der Ortsvektoren der gegebenen Punkte. In unserem Beispiel gilt für den daraus resultierenden Vektor r damit:

$$r = \begin{pmatrix} 8 \\ 2 \end{pmatrix} - \begin{pmatrix} 2 \\ 5 \end{pmatrix} = \begin{pmatrix} 6 \\ -3 \end{pmatrix}$$

In Matlab berechnen wir dies mit

```
r=[8;2]-[2;5] % computes [6; -3]
```

Alle Punkte x auf dieser Strecke lassen sich mathematisch durch folgenden Ausdruck beschreiben:

$$x = \begin{pmatrix} 2 \\ 5 \end{pmatrix} + t \cdot r = \begin{pmatrix} 2 \\ 5 \end{pmatrix} + t \cdot \begin{pmatrix} 6 \\ -3 \end{pmatrix}$$

Der Parameter t ist dabei eine reelle Zahl aus dem Intervall $[0;1]$. Für $t = 0$ ergibt sich genau der Ortsvektor zum Punkt $P(2;5)$ für $t = 1$ entsprechend der Ortsvektor zum zweiten Punkt $P(8;2)$. Wollen wir den Punkt genau in der Mitte der beiden Punkte finden, dann wählen wir $t = 0.5$.

Hinweis: Würden wir Werte für t aus ganz $\mathbb{R}$ zulassen, dann wird aus der Strecke eine Gerade.

In manchen Anwendungen, z.B. in der Konstruktion, ist es wichtig, nicht nur die Mitte zwischen zwei Punkten zu finden, sondern Punkte einer Strecke mit einem fest definierten Abstand zu einem der Randpunkte. Betrachten wir dazu das obige Beispiel mit den Punkten $P(2;5)$ und $P(8;2)$ noch einmal. Gesucht sei ein Punkt Q, welcher genau den Abstand $\sqrt{5}$ zu $P(2;5)$ hat.

Damit wir die entsprechende Längeneinheit entlang der Strecke abtragen können, benötigen wir zunächst eine genormte Referenzstrecke. Dazu definieren wir uns einen Vektor r_n, welcher in die gleiche Richtung wie die Strecke geht, aber genau die Länge 1 hat. Dies erreichen wir dadurch, dass wir r im Verhältnis zu seiner eigenen Länge skalieren:

$$r_n = \frac{1}{\|r\|} \cdot r = \frac{1}{\sqrt{45}} \begin{pmatrix} 6 \\ -3 \end{pmatrix} = \frac{1}{3\sqrt{5}} \begin{pmatrix} 6 \\ -3 \end{pmatrix} = \frac{1}{\sqrt{5}} \begin{pmatrix} 2 \\ -1 \end{pmatrix}$$

In Matlab berechnen wir dies mit

```
r=[8;2]-[2;5];
rn = 1/norm(r)*r % computes
    [0.894427190999916;-0.447213595499958]
```

Wenn wir nun zum Ortsvektor von $P(2;5)$ den Vektor addieren, so erhalten wir einen Punkt, welcher genau den Abstand 1 von hat. Um einen Abstand von $\sqrt{5}$ zu erhalten, verlängern wir den Vektor r_n indem wir ihn mit diesem Wert skalieren. Insgesamt ergibt sich dann:

$$q = \begin{pmatrix} 2 \\ 5 \end{pmatrix} + \sqrt{5} \cdot r_n = \begin{pmatrix} 2 \\ 5 \end{pmatrix} + \sqrt{5} \cdot \frac{1}{\sqrt{5}} \cdot \begin{pmatrix} 2 \\ -1 \end{pmatrix} = \begin{pmatrix} 4 \\ 4 \end{pmatrix}$$

Oder in Matlab:

```
r=[8;2]-[2;5];
rn = 1/norm(r)*r;
q = [2; 5] + sqrt(5)*rn % computes [4; 4]
```

Der Punkt $Q(4;4)$ hat also genau den gewünschten Abstand.

8.5 Schnitt zweier Ebenen

Eine Ebene im Raum kann auf verschiedene Weisen mathematisch beschrieben werden. Intuitiv am einfachsten ist vermutlich die Parameterdarstellung. Diese beschreibt eine Gerade über einen Stützvektor a und zwei Richtungsvektoren r_1 und r_2. Alle Punkte x der Ebene lassen sich dann wie folgt darstellen:

$$x = a + t \cdot r_1 + u \cdot r_2$$

Alternativ kann eine Ebene in der sogenannten Hesse-Form geschrieben werden. Diese beschreibt eine Ebene über ihre Orientierung im Raum und einem Wert d, der mit dem der Ebene vom Ursprung zusammenhängt. Die Orientierung im Raum wird dabei über einen sogenannten Normalenvektor n festgelegt, welcher senkrecht zur

Ebene ist. Diese Beschreibung ist beispielsweise in der Computergrafik gängig, um effizient Reflexionen von Lichtstrahlen an Oberflächen zu berechnen. Die entsprechende mathematische Darstellung lautet wie folgt:

$$\langle x; n \rangle = d$$

Als konkretes Beispiel betrachten wir die Ebenen E_1 und E_2 mit:

$$E_1: \quad \langle x, \begin{pmatrix} 1 \\ 0 \\ 3 \end{pmatrix} \rangle = 5$$

$$E_2: \quad \langle x, \begin{pmatrix} 2 \\ 1 \\ 0 \end{pmatrix} \rangle = 2$$

Jedes Skalarprodukt eines Ortsvektor x zu einem Punkt in der Ebene mit dem Normalenvektor n ergibt somit einen konstanten Wert: für E_1 den Wert 5 und E_2 den Wert 2.

Die Hesse-Form lässt sich leicht in eine dritte Darstellung überführen: die Koordinatenform. Dazu rechnet man das Skalarprodukt auf der linken Seite aus und bringt anschließend noch den Abstand ebenfalls auf die linke Seite. Für E_1 und E_2 ergeben sich dann:

$$E_1: \quad x + 3z - 5 = 0$$

$$E_1: \quad 2x + y - 2 = 0$$

Alle drei besprochenen Beschreibungen von Ebenen sind äquivalent und lassen sich ineinander umwandeln.

Wie man zwei Ebenen schneidet und die resultierende Schnittgerade gewinnt, hängt von der vorhandenen Darstellung der Ebenen ab. Sind beide Ebenen in Parameterdarstellung gegeben, so kann man die Ebenen gleichsetzen. Man erhält eine LGS mit 3 Gleichungen und 4 Unbekannten. Die Lösungen des LGS beschreiben dann die Schnittgerade.

Sind beide Ebenen in Koordinatenform gegeben, dann hat man ebenfalls ein LGS und zwar mit mit 2 Gleichungen und 3 Unbekannten. Dieses lässt sich im Allgemeinen einfacher lösen, als das größere LGS bei der Parameterdarstellung.

Für unser Beispiel ergibt sich der folgende Quelltext:

```
A = [1 0 3; 2 1 0];
b = [5; 2];
xs = A\b % computes [1; 0; 4/3]
N = null(A) % computes [ -0.4423; 0.8847; 0.1474]
```

Womit wir die spezielle Lösung $x_s = \begin{pmatrix} 1 \\ 0 \\ 4/3 \end{pmatrix}$ und den Spaltenvektor $\begin{pmatrix} -0.4423 \\ 0.8847 \\ 0.1474 \end{pmatrix}$ als Basis des Nullraum erhalten. Die Schnittgerade g hat damit die Form:

$$g : x = \begin{pmatrix} 1 \\ 0 \\ 4/3 \end{pmatrix} + t \cdot \begin{pmatrix} -0.4423 \\ 0.8847 \\ 0.1474 \end{pmatrix}$$

Besonders einfach lässt sich übrigens die Richtung der Schnittgerade bestimmen ohne das LGS selbst zu lösen. Es gilt nämlich der folgende Zusammenhang für die resultierende Schnittgerade g. Die Gerade g liegt in E_1. Alle Vektoren, welche in E_1 liegen sind aber senkrecht zum Normalenvektor von E_1. Dasselbe gilt für das Verhältnis von g mit E_2.

Wenn g senkrecht zu E_1 und E_2 ist, dann lässt sich ihr Richtungsvektor als Kreuzprodukt der beiden Normalenvektoren berechnen. In unserem Beispiel ergibt sich:

$$r_{cross} = \begin{pmatrix} 1 \\ 0 \\ 3 \end{pmatrix} \times \begin{pmatrix} 2 \\ 1 \\ 0 \end{pmatrix} = \begin{pmatrix} -3 \\ 6 \\ 1 \end{pmatrix}$$

In Matlab berechnen wir dies mit

```
n1=[1; 0; 3];
n2=[2; 1; 0];
rg=cross(n1, n2);
```

Bemerkung: Für den Vektor r_{cross} gilt:

$$r_{cross} = \begin{pmatrix} -3 \\ 6 \\ 1 \end{pmatrix} = 6.7823 \cdot \begin{pmatrix} -0.4423 \\ 0.8847 \\ 0.1474 \end{pmatrix}$$

Das Kreuzprodukt zeigt also tatsächlich in die gleiche Richtung, wie die vorhin berechnete Schnittgerade.

Der Schnittwinkel zweier Ebenen lässt sich ebenfalls leicht berechnen. Der Winkel zwischen den Ebenen entspricht in diesem Falle genau dem Winkel zwischen den Normalenvektoren. Für unser Beispiel berechnet sich dieser Winkel mit folgenden Matlab-Befehlen:

```
n1=[1; 0; 3];
n2=[2; 1; 0];
alpha = subspace(n1, n2);
```

Für unser Beispiel erhalten wir den Winkel 1.284 im Bogenmaß, was ca. $73.6°$ entspricht.

8.6 Abstand Punkt-Ebene und Gerade-Ebene

Der Abstand einer Gerade zu einer Ebene kann prinzipiell gleich behandelt werden, wie der Abstand eines Punktes zu einer Ebene. Man muss vorher nur überprüfen, dass die Gerade parallel zur Ebene verläuft. Ist dies der Fall, dann hat jeder beliebige Punkt der Gerade den gleichen Abstand von der Ebene. Sind Ebene und Gerade nicht parallel, dann müssen sie sich schneiden. Der Abstand beträgt dann 0.

8.6.1 Parallelität überprüfen

Um die Parallelität zu überprüfen, müssen wir feststellen, ob die Richtungsvektoren der Ebene und der Richtungsvektor der Gerade linear abhängig sind. In Matlab können wir dies z.B. dadurch erreichen, dass wir alle drei Richtungsvektoren in eine Matrix schreiben und deren Rang bestimmen.

Ist die Ebene in Hesse-Form gegeben, dann muss für die Parallelität überprüft werden, ob der Richtungsvektor der Gerade senkrecht zum Normalenvektor der Ebene ist. Dies ist genau dann der Fall, wenn das Skalarprodukt dieser beiden Vektoren den Wert 0 ergibt.

Betrachten wir das folgende Beispiel:

$$g : x = \begin{pmatrix} 1 \\ 2 \\ 2 \end{pmatrix} + t \cdot \begin{pmatrix} 2 \\ 5 \\ 6 \end{pmatrix}$$

$$E : \langle x; \begin{pmatrix} 3 \\ 0 \\ -1 \end{pmatrix} \rangle = 5$$

Das Skalarprodukt s berechnen wir mit

```
s = dot([2; 5; 6], [3; 0; -1]);
```

Da s den Wert 0 hat, sind g und E parallel. Wenn dies sichergestellt ist, dann genügt es den Abstand des Punktes $P(1; 2; 2)$ der Gerade g zu E zu berechnen.

8.6.2 Verbindungsvektor bestimmen

Zur Berechnung des Abstands benötigen wir einen Vektor, welcher die Ebene mit dem Punkt $P(1; 2; 2)$ verbindet. Dazu bestimmen wir zunächst einen Punkt Q in der Ebene E. Die Ebene E ist in Hesse-Form gegeben. Um Q zu bestimmen, benutzen wir die zugehörige Koordinatenform:

$$g: \quad 3x - z = 5$$

Die Koordinatenform ist ein LGS mit einer Gleichung und 3 Variablen. Eine (spezielle) Lösung können wir z.B. mit der Linksdivision berechnen:

```
1  n = [3; 0; -1];
2  A = n';
3  b = [5];
4  q = A\b
```

Wir erhalten den Punkt $Q(\frac{5}{3}; 0; 0)$. Als Verbindungsvektor v ergibt sich dann:

$$v = p - q = \begin{pmatrix} 1 \\ 2 \\ 2 \end{pmatrix} - \begin{pmatrix} \frac{5}{3} \\ 0 \\ 0 \end{pmatrix} = \begin{pmatrix} -\frac{2}{3} \\ 2 \\ 2 \end{pmatrix}$$

8.6.3 Projektion auf Normalenvektor

Diesen Vektor v müssen wir dann mit Hilfe der folgenden Formel auf den Normalenvektor projezieren, um den Abstand d zu erhalten:

$$d = \left| \langle v, \frac{1}{\|n\|} n \rangle \right|$$

Mit Hilfe von Matlab erhalten wir dann:

```
1  n = [3; 0; -1];
2  A = n';
3  b = [5];
4  q = A\b;
5  p = [1; 2; 2];
6  v = p-q;
7  d = abs( dot(v, 1/norm(n)*n) )
```

In Zeile 6 berechnen wir dabei zunächst den Verbindungsvektor v und dann die Projektion mit Hilfe der oben dargestellten Formel. Als Ergebnis erhalten wir für unser Beispiel den Wert 1.2649.

8.7 Determinanten

Für quadratische Matrizen kann man eine sogenannte Determinante berechnen. Die Determinante ist eine Zahl, welche es erlaubt, Aussagen über die Eigenschaften der Matrix, z.B. in Bezug auf die Lösbarkeit eines zugehörigen LGS, zu treffen.

Für 2×2 Matrizen mit 2 Zeilen und 2 Spalten berechnet sich die Determinante wie folgt:

$$\det \begin{pmatrix} a_{11} & a_{12} \\ a_{21} & a_{22} \end{pmatrix} = a_{11} \cdot a_{22} - a_{21} \cdot a_{12}$$

Größere Matrizen lassen sich mit Hilfe des Entwicklungssatzes von Laplace schrittweise in kleinere Matrizen umwandeln. So können auch deren Determinanten berechnet werden. In Matlab berechnen wir die Determinante mit dem Befehl *det*.

Beispiel

```
A=[1 3 1; -5 2 2; 1 7 4];
det(A) % computes 23
```

Ist die Determinante einer Matrix 0, dann ist diese Matrix nicht invertierbar. Die Zeilenvektoren der Matrix sind dann linear abhängig. Für nicht-quadratische Matrizen ist die Determinante nicht definiert.

8.8 Eigenwerte und Eigenvektoren

Mit Matrizen lassen sich Abbildungen definieren, welche einen Eingabe-Vektor x auf einen Ausgabe-Vektor y abbilden:

$$y = A \cdot x$$

Eine solche Abbildung ist vergleichbar mit einer Funktion f, welche eine Zahl x auf eine Zahl y abbildet. Abbildungen der Form $y = A \cdot x$ sind stets linear, dies bedeutet, dass sich die Abbildung der Summe zweier Vektoren auch dadurch berechnen lässt, dass man beide Vektoren getrennt abbildet. Für zwei Vektoren x_1 und x_2 und die Zahlen t und v gilt:

$$y = A \cdot (t \cdot x_1 + u \cdot x_2) = t \cdot A \cdot x_1 + u \cdot A \cdot x_2$$

Beispiel 1

Die Matrix

$$A = \begin{pmatrix} 1 & 0 \\ 0 & -1 \end{pmatrix}$$

spiegelt jeden zweidimensionalen Vektor an der x-Achse. Aus dem Vektor $x = \begin{pmatrix} 7 \\ 3 \end{pmatrix}$ wird z.B.

$$y = \begin{pmatrix} 1 & 0 \\ 0 & -1 \end{pmatrix} \cdot \begin{pmatrix} 7 \\ 3 \end{pmatrix} = \begin{pmatrix} 7 \\ -3 \end{pmatrix}$$

Anschaulich erhalten wir folgendes Bild:

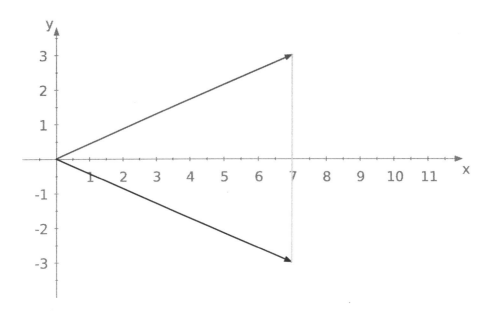

Beispiel 2

Die Matrix

$$A = \begin{pmatrix} \cos(\alpha) & \sin(\alpha) \\ -\sin(\alpha) & \cos(\alpha) \end{pmatrix}$$

dreht jeden zweidimensionalen Vektor um den Winkel α um den Ursprung. Es gilt z.B.

$$y = \begin{pmatrix} \cos(\alpha) & \sin(\alpha) \\ -\sin(\alpha) & \cos(\alpha) \end{pmatrix} \cdot \begin{pmatrix} 1 \\ 0 \end{pmatrix} = \begin{pmatrix} \cos(\alpha) \\ \sin(\alpha) \end{pmatrix}$$

Für $\alpha = 60°$ ergibt sich somit folgende Darstellung:

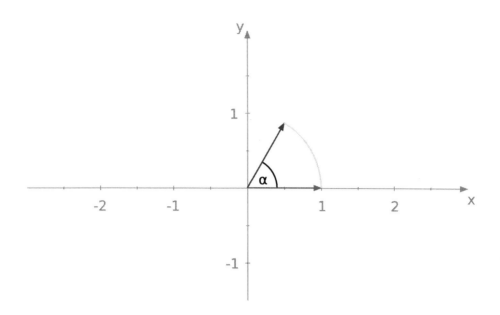

Wird eine Vektor durch die Matrix A in die gleiche Richtung abgebildet, dann nennen wir diesen Vektor einen Eigenvektor. Für einen Eigenvektor gilt somit:

$$A \cdot x = \lambda \cdot x \quad (\lambda \in \mathbb{R})$$

Der Faktor λ sagt aus, wie stark der Vektor verlängert oder verkürzt wird. Wir nennen λ Eigenwert zum Eigenvektor x. Eine Matrix A mit n Zeilen und Spalten kann höchstens n Eigenvektoren und Eigenwerte haben. Um diese zu berechnen, formen wir die obige Gleichung wie folgt um:

$$A \cdot x = \lambda \cdot x$$
$$A \cdot x - \lambda \cdot x = \begin{pmatrix} 0 \\ \vdots \\ 0 \end{pmatrix}$$
$$(A - \lambda \cdot E_n) \cdot x = \begin{pmatrix} 0 \\ \vdots \\ 0 \end{pmatrix}$$

wobei E_n die Einheitsmatrix ist, welche aus Einsen auf der Diagonale und sonst aus Nullen besteht.

Das resultierende LGS ist nur dann nicht trivial lösbar, wenn die Determinante von $(A - \lambda \cdot E_n)$ den Wert 0 hat. Mit Hilfe dieser Bedingung lassen sich die möglichen Eigenwerte λ bestimmen.

Beispiel

Für $A = \begin{pmatrix} 2 & 1 \\ 1 & 2 \end{pmatrix}$ gilt:

$$\begin{aligned} \det(A - \lambda E_n) &= \det(\begin{pmatrix} 2 & 1 \\ 1 & 2 \end{pmatrix} - \begin{pmatrix} \lambda & 0 \\ 0 & \lambda \end{pmatrix}) \\ &= \det \begin{pmatrix} 2 - \lambda & 1 \\ 1 & 2 - \lambda \end{pmatrix} \\ &= (2 - \lambda)(2 - \lambda) - 1 \\ &= \lambda^2 - 4\lambda + 3 \end{aligned}$$

Der Ausdruck $p(\lambda) = \lambda^2 - 4\lambda + 3$, welcher durch die Umformung entsteht, wird charakteristisches Polynom genannt. Für

$$\lambda^2 - 4\lambda + 3 = 0$$

erhalten wir in diesem Beispiel 2 Eigenwerte $\lambda_1 = 1$ und $\lambda_2 = 3$. Die zugehörigen Eigenvektoren erhält man, wenn man diese beiden Eigenwerte in das LGS von oben einsetzt und dieses für x löst. Hier ergeben sich die Eigenvektoren:

$$x_1 = \begin{pmatrix} -1 \\ 1 \end{pmatrix} \quad \text{und} \quad x_2 = \begin{pmatrix} 1 \\ 1 \end{pmatrix}$$

Bemerkung: Jedes Vielfache eines Eigenvektors ist ebenfalls ein Eigenvektor. Wir reden nur dann von verschiedenen Eigenvektoren, wenn sich ihre Richtungen unterscheiden.

In Matlab existiert ein eigener Befehl zur Berechnung von Eigenwerten und Eigenvektoren: der Befehl *eig*. Rufen wir diesen folgendermaßen auf:

```
A = m[2 1; 1 2];
eig(A) % computes [1; 3]
```

dann erhalten wir einen Spaltenvektor mit den Eigenwerten. Um ebenfalls die zugehörigen Eigenvektoren zu erhalten, verändern wir den Aufruf wie folgt:

```
A = [2 1; 1 2];
[V, D] = eig(A)
```

Matlab gibt dann zwei Matrizen V und D zurück. V enthält die Eigenvektoren als Spalten der Matrix. Die Matrix D ist eine Diagonalmatrix, welche die zugehörigen Eigenwerte auf der Diagonale eingetragen hat.

Für unser Beispiel erhalten wir die Matrizen:

$$V = \begin{pmatrix} -0.7071 & 0.7071 \\ 0.7071 & 0.7071 \end{pmatrix} \quad \text{und} \quad V = \begin{pmatrix} 1 & 0 \\ 0 & 3 \end{pmatrix}$$

Die erste Spalte von V entspricht also dem vorher berechneten Eigenvektor $\begin{pmatrix} -1 \\ 1 \end{pmatrix}$, die zweite Spalte entspricht dem Eigenvektor $\begin{pmatrix} 1 \\ 1 \end{pmatrix}$.

Kapitel 9

Rechnen mit Polynomen

Polynome oder Polynomfunktionen $p(x)$ sind mathematische Funktionen der Form

$$p(x) = a_n x^n + a_{n-1} x^{n-1} + \ldots + a_2 x^2 + a_1 x + a_0$$

Die positive Ganzzahl n wird dabei als Grad des Polynoms und die Werte a_i als Polynomkoeffizienten bezeichnet. Eine Normalparabel $f(x) = x^2$ ist beispielsweise eine Polynomfunktion mit Grad $n = 2$ und den Koeffizienten $a_2 = 1$ und $a_1 = a_0 = 0$.

Die Nullstellen von Polynomfunktionen sind Lösungen von Polynomgleichungen der Form

$$a_n x^n + a_{n-1} x^{n-1} + \ldots + a_2 x^2 + a_1 x + a_0 = 0$$

Für $n = 2$ erhalten wir beispielsweise quadratische Gleichungen.

$$a_2 x^2 + a_1 x + a_0 = 0$$

welche üblicherweise in der Form $ax^2 + bx + c = 0$ geschrieben werden.

Wenn wir also die Nullstellen einer beliebigen Polynomfunktion berechnen können, so können wir ebenfalls beliebige Polynomgleichungen lösen. Und Polynomgleichungen kommen in vielen mathematischen Verfahren vor.

Um zu verstehen, wie Matlab mit Polynomen umgeht, muss man sich zunächst klar machen, dass sich Polynome von den bisher behandelten mathematischen Größen (Zahlen, Vektoren, Matrizen) unterscheiden. Polynomfunktionen haben eine Variable x und können je Wert von x ganz verschiedene Funktionswerte annehmen.

Polynomfunktionen lassen sich in Matlab auf zwei verschiedene Arten beschreiben. Einerseits kann man Polynome über eine sogenannte symbolische Funktion definieren. Dazu legt man zunächst eine symbolische Variable x an und definiert basierend auf dieser Variable die entsprechende Funktion. Welche Befehle dazu nötig sind, wird in späteren Kapiteln beschrieben, denn neben dieser Methode existiert noch ein einfacherer Ansatz.

Zur Beschreibung eines Polynoms genügt es nämlich, die Koeffizienten $a_n, a_{n-1}, \ldots, a_2, a_1, a_0$ festzulegen. Sind diese bekannt, so erschließen sich die dazugehörigen Potenzen x^i automatisch. Die Koeffizienten $a_2 = 3, a_1 = -5, a_0 = 12$ beschreiben z.B. das Polynom

$$p(x) = 3x^2 - 5x + 12$$

Eine solche Liste an Koeffizienten lässt sich in Matlab in einem Zeilenvektor abspeichern:

```
p=[3 -5 12]; % Polynomkoeffizienten als Zeilenvektor
```

Achtung: Fehlt in einem Polynom eine Potenz, dann darf man im Vektor Koeffizienten diese Potenz nicht vergessen. An der entsprechenden Stelle muss eine Null eingefügt werden. Der Koeffizientenvektor für $p(x) = 2x^3 + 5x + 7$ ist also:

```
p=[2 0 5 7]; % represents 2x^3+5x+7
```

und **nicht**:

```
p=[2 5 7]; % represents 2x^2+5x+7
```

welcher dem quadratischen Polynom $p(x) = 2x^2 + 5x + 7$ entspricht.

Das Problem dieser Koeffizientenvektoren ist allerdings, dass Matlab nicht automatisch wissen kann, dass es sich beim gegebenen Vektor um Polynomkoeffizienten handelt. Die entsprechenden Werte werden erst dann als Polynomkoeffizienten interpretiert, wenn wir einen Befehl verwenden, welcher speziell für Polynome geschrieben wurde.

Diese Befehle nehmen also Vektoren entgegen und betrachten die enthaltenen Werte als Koeffizienten eines Polynoms. Basierend auf dieser Beschreibung des Polynoms werden dann Berechnungen vorgenommen. Im Folgenden betrachten wir eine Reihe dieser speziellen Polynom-Befehle und schauen uns an, welche Berechnungen mit diesen möglich sind.

9.1 Auswertung von Polynomen

Mit Hilfe des Befehls *polyval* (kurz für englisch: polynomial value) lässt sich der Wert einer Polynomfunktion an einer bestimmten Stelle x berechnen.

Beispiel:

```
polyval([3 -5 12], 1) % Polynomwert für x=1
```

Der Befehl *polyval* nimmt zwei Parameter entgegen. Der erste Parameter ist ein Vektor mit den Koeffizienten des betrachteten Polynoms. Der zweite Parameter ist die Stelle x, an welcher das Polynom ausgewertet werden soll.

Wie viele andere Matlab-Befehle auch, lässt sich *polyval* für einen einzelnen Wert, z.B. im Beispiel oben für den Wert 1, oder für eine ganze Reihe von Werten aufrufen.

Beispiel:

```
polyval([3 -5 12], 0:0.1:2) % Polynomwert zwischen 0 und 2
polzval([3 -5 12], [4 7]) % Polynomwert an x=4 und x=7
```

Im obigen Beispiel ergeben sich in der ersten Zeile die Polynomwerte an allen Stellen x zwischen 0 und 2 im Abstand von 0.1. In der zweiten Zeile erhalten wir die Werte des Polynoms für $x = 4$ und $x = 7$.

9.2 Nullstellen von Polynomen und Lösungen von Polynomgleichungen

Im Englischen werden Nullstellen einer Funktion oder eines Polynoms als *roots* bezeichnet. Dies kommt daher, dass man beim Berechnen einfacher Nullstellen, z.B. von $p(x) = x^n - 4$, die n-te Wurzel ziehen muss. Denn für die Nullstelle von p gilt:

$$\begin{aligned} x^n - 4 &= 0 \\ x^n &= 4 \\ x &= \sqrt[n]{4} \end{aligned}$$

In Matlab heißt daher der entsprechende Befehl ebenfalls *roots*. Dieser Befehl nimmt wie *polyval* einen Vektor mit den Polynomkoeffizienten entgegen. Weitere Parameter sind für die Berechnung nicht notwendig.

Beispiel

```
p=[1 0 0 0 -4]; % represnets x^4-4
roots(p)
```

Im obigen Beispiel beschreibt der Koeffizientenvektor das Polynom $p(x) = x^4 - 4$. In Zeile 2 werden mit dem Befehl die Nullstellen berechnet. Matlab berechnet dabei nicht nur reelle, sondern auch komplexe Lösungen. In diesem Fall also die Werte der reellen Zahlen $\pm\sqrt{2}$, sowie die komplexen Werte $\pm\sqrt{2}i$. Die Menge der Nullstellen wird dabei als Spaltenvektor zurückgegeben.

Hat ein Polynom doppelte Nullstellen, so kommt der zugehörige Wert auch doppelt im Ergebnisvektor vor. Das folgende Polynom hat z.B. die doppelte Lösung 1:

```
p=[1 -2 1]; % represents x^2-2x+1
roots(p)
```

Das Ergbnis des Befehl *roots* ist damit ein Spaltenvektor mit 2 Komponenten mit dem Wert 1.

Wie man sieht, kann Befehl *roots* also auch insbesondere zum Lösen quadratischer Gleichungen eingesetzt werden. Das vorangegangene Beispiel liefert die Lösung der Gleichung $x^2 - 2x + 1 = 0$.

9.3 Multiplikation und Division von Polynomen

Um zwei Polynome miteinander zu multiplizieren, muss jede Komponente mit jeder multipliziert werden.

Beispiel

$$\begin{aligned}(x^2 + 3x + 1) \cdot (x + 1) &= (x^3 + 3x^2 + x) + (x^2 + 3x + 1) \\ &= x^3 + 4x^2 + 4x + 1\end{aligned}$$

In der Mathematik nennt man diese Operation auch Faltung. Der englische Begriff lautet "convolution", weshalb der zugehörige Matlab-Befehl kurz *conv* lautet.

Mit Matlab lässt sich also die obige Rechnung wie folgt implementieren:

```
1  p1 = [1 3 1]; % represents x^2+3x+1
2  p2 = [1 1]; % represents x+1
3  conv(p1, p2); % creates [1 4 4 1]
```

Das Ergebnis des Befehls *conv* ist ein Zeilenvektor von Polynomkoeffizienten. In unserem Beispiel also der Vektor (1 4 4 1).

Bei der Polynomdivision dividieren wir zwei Polynome. Die Division ist die zur Multiplikation umgekehrte Operation. Nehmen wir also das Ergebnis der Multiplikation von eben $x^3 + 4x^2 + 4x + 1$ und teilen durch den Faktor $x + 1$, so ergibt sich der andere Faktor $x^2 + 3x + 1$.

Auf Papier ließe sich diese Division mit den folgenden Schritten durchführen. Dabei wird stets die Komponente des Ergebnis mit der jeweils höchsten Potenz bestimmt, mit dem Divisor multipliziert und vom Ausgangsterm, dem Dividenden, abgezogen.

$$\begin{array}{l}(x^3 + 4x^2 + 4x + 1) : (x + 1) = x^2 + 3x + 1 \\ \underline{-(x^3 + x^2)} \\ 3x^2 + 4x + 1 \\ \underline{-(3x^2 + 3x)} \\ x + 1 \\ \underline{-(x + 1)} \\ 0\end{array}$$

In Matlab lautet der entsprechende Befehl *deconv* vom Begriff "deconvolution", der Umkehrung der "convolution". Obiges Beispiel wird wie folgt in Matlab implementiert:

```
1  dividend = [1 4 4 1]; % represents x^3+4x^2+4x+1
2  divisor = [1 1]; % represents x+1
3  deconv(dividend, divisor) % creates [1 3 1]
```

Des Ergebnis ist wieder ein Zeilenvektor von Polynomkoeffizienten (1 3 1).

Eine Division zweier Polynome ist nicht immer ohne weiteres möglich. Es kann sich auch ein Restterm $r(x)$ ergeben.

Beispiel

$$\begin{aligned}(x^2 + 5x + 10) : (x + 2) &= x + 3\\ \underline{-(x^2 + 2x)}&\\ 3x + 10&\\ \underline{-(3x + 6)}&\\ 4&\end{aligned}$$

Führen wir die Polynomdivision wie im Beispiel oben durch, dann bleibt die Zahl 4 unten stehen. Mathematisch ergibt sich ein Restterm $r(x)$, wenn wir diesen Wert noch durch den Divisor teilen. Es gilt somit:

$$(x^2 + 5x + 10) : (x + 2) = x + 3 + \frac{4}{x + 2}$$

Dies sieht man leicht, wenn man den Term $(x + 2)$ auf die rechte Seite bringt. Dann gilt nämlich:

$$(x^2 + 5x + 10) = (x + 2) \cdot (x + 3 + \frac{4}{x + 2})$$

Multiplizieren wir die rechte Seite aus, dann ergibt sich zunächst $(x + 2) \cdot (x + 3) = x^2 + 5x + 6$ und dann $(x + 2) \cdot \frac{4}{x + 2} = 4$. Insgesamt ergibt sich also der Term auf der linken Seite.

Mit Hilfe von Matlab lassen sich auch Polynomdivisionen durchführen, bei welchen sich ein Restterm ergibt. Schauen wir uns den Befehl in *deconv* in der Matlab-Hilfe an, dann sehen wir, dass dieser eigentlich zwei Rückgabewerte Q und R hat. Für unser Beispiel rufen wir daher die folgenden Befehle auf:

```
dividend = [1 5 10]; % represents x^2+5x+10
divisor = [1 2]; % represents x+2
[Q,R] = deconv(dividend, divisor)
```

Der Rückgabewert Q enthält dann die Koeffizienten des Ergebnis ohne Rest. In unserem Beispiel also den Zeilenvektor (1 3). Die Variable R enthält die Koeffizienten des Zählers des Restterms. Dabei ist der resultierende Vektor immer genauso lange wie der Dividend. Matlab füllt das Ergebnis mit führenden Nullen auf. Wir erhalten somit den Zeilenvektor (0 0 4).

9.4 Ableitungen und Integrale von Polynomen

Das Ableiten und Integrieren von Polynomen lässt sich ebenfalls mit Hilfe von Polynomkoeffizienten durchführen. Dazu gibt es in Matlab die Befehle *polyder* und *polyint*. Der Befehl *polyder* steht kurz für "polynomial derivative", wobei "derivative" das englische Wort für Ableitung ist. Der Befehl *polyint* steht analog kurz für "polynomial integral".

Als Beispiel leiten wir die Polynomfunktion $p(x) = 2x^2 + 3x + 4$ ab und integrieren sie anschließend wieder:

```
1  p = [2 3 4]; % represents 2x^2+3x+4
2  derivative = polyder(p) % creates [4 3]
3  integral = polyint(derivative) % creates [2 3 0]
```

Die Ableitung in Zeile 2 ergibt dann den Koeffizientenvektor (4 3) oder anders ausgedrückt das Polynom $4x + 3$. Integrieren wir diesen Term wieder, so ergeben sich die Koeffizienten (2 3 0), d.h. das Polynom $2x^2 + 3x$.

Hinweis: Bei der Integration sind eventuelle Konstanten $+c$ nicht bestimmbar. Das Polynom $2x^2 + 3x + 88$ wäre mathematisch gesehen ebenfalls eine mögliche Stammfunktion. Matlab wählt als Konstante stets den Wert 0. Der Befehl *polyint* liefert folglich immer einen Vektor, welcher mit einer 0 endet.

9.5 Lineare Regression und Polynom-Regression

Bei der Polynom-Regression geht es darum, ein Polynom zu finden, welches möglichst optimal auf eine gegebene Messreihe passt. In vielen Anwendungen wird als Polynom häufig eine lineare Funktion $p(x) = ax + b$ benutzt. Wir sprechen dann von einer linearen Regression. Mathematisch gesehen ist dies lediglich ein etwas einfacherer Spezialfall.

Das Ziel bei der Regression ist es im Allgemeinen, die Datenverteilung zu modellieren und damit Vorhersagen über nicht gemessene Daten zu treffen, z.B. zu Datenpunkten, welche in der Zukunft liegen.

Betrachten wir beispielhaft die folgenden Datenpunkte:

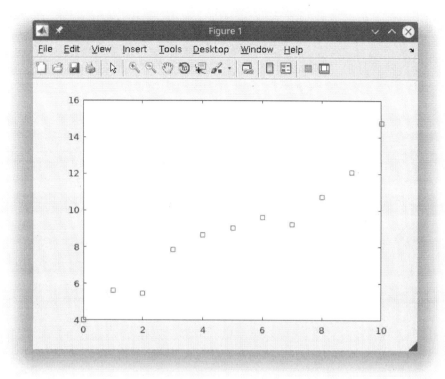

Um zunächst eine Gerade zu finden, welche optimal auf die gegebenen Datenpunkte passt, müssen wir die Steigung m und den Achsenabschnitt b der Gerade bestimmen. Für jeden Datenpunkt lässt sich dann eine Abweichung von dieser Gerade bestimmen. Diese Abweichung gilt es zu minimieren. Im Normalfall wird dabei die quadratische Abweichung betrachtet. Die Summe der quadratischen Abweichungen A berechnet sich dann wie folgt:

$$A = \sum_i (y_i - (mx_i + b))^2 = \sum_i (y_i - mx_i - b)^2$$

Um A bezüglich m und b zu minimieren, bildet man die partiellen Ableitungen in Richtung m und b und setzt diese gleich Null. Da die Summanden unabhängig voneinander abgeleitet werden können, kann die Summe selbst beim Ableiten stehen bleiben. Wir erhalten somit:

$$\frac{\partial A}{\partial m} = \sum_i 2(y_i - mx_i - b)(-x_i) = 0$$

$$\frac{\partial A}{\partial b} = \sum_i 2(y_i - mx_i - b)(-1) = 0$$

Wenn wir alle Werte x_i und y_i einsetzen und die Summe berechnen, dann stellt dies ein LGS mit zwei Unbekannten dar. Als Lösung dieses LGS erhalten wir die optimalen Werte für m und b.

Man kann das entsprechende LGS auch allgemein, d.h. ohne Kenntnis der Werte von x_i und y_i lösen. Man erhält dann eine Lösungsformel für die lineare Regression, in welche man beliebige Daten einsetzen kann. Es gilt dann:

$$b = \frac{\sum_i (x_i - \bar{x}) \cdot (y_i - \bar{y})}{\sum_i (x_i - \bar{x})^2}$$

mit $\bar{x}$ und $\bar{y}$ den Mittelwerten von x_i und y_i. Als Formel für m ergibt sich daraus dann:

$$m = \bar{y} - b\bar{x}$$

In unserem Beispiel erhalten wir die folgende Gerade durch die gegebenen Punkte:

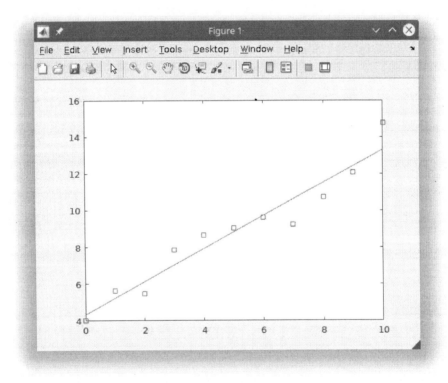

In Matlab lassen sich all diese Schritte automatisch durchführen. Der entsprechende Befehl heißt *polyfit*, welcher kurz für "polynomial fitting" steht. Mit "fitting" ist dabei die Anpassung des Polynoms an die Daten gemeint. Der Aufruf geschieht in der folgenden Weise:

```matlab
p = polyfit(x, y, 1)
```

Die Variablen x und y sind dabei Vektoren, welche die Werte x_i und y_i enthalten müssen. Der dritte Parameter legt den Grad des anzupassenden Polynoms fest. Der Wert 1 bedeutet also, dass eine Gerade verwendet werden soll. Als Ergebnis erhält man einen Vektor von Polynomkoeffizienten, welche das Polynom beschreiben. Für den Fall einer Geraden also genau m und b.

Um die Gerade in die Grafik wie oben einzuzeichnen, verwenden wir z.B. die folgenden Befehle:

```matlab
hold('on'); % draw to existing figure
px = 0:0.1:10;
py = polyval(p, px);
plot(x, y, 'r');
```

In Zeile 1 legen wir fest, dass wir in die bereits bestehende Grafik zeichnen wollen. Dann werden in Zeile 2 und 3 die x- und y-Werte der Ergebnis-Gerade bestimmt, welche gezeichnet werden sollen. Um die y-Werte zu berechnen, nutzen wir den Befehl *polyval*. Anschließend zeichnen wir die Daten in der Farbe rot ein.

Matlab kann diese Vorgehensweise auch für Polynome eines höheren Grades durchführen. Mathematisch ergibt sich dann einfach ein LGS mit mehr Variablen. Für den Grad 6 z.B. ein LGS mit 7 Variablen.

Für unser Beispiel würde der entsprechende Aufruf dann wie folgt aussehen:

```matlab
p = polyfit(x, y, 6)
```

Zeichnen wir dieses Polynom vom Grad 6 in unsere Grafik ein, dann erhalten wir das folgende Bild:

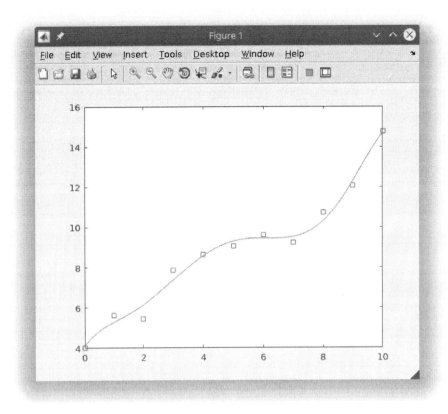

Wie man sieht, hat ein Polynom mehr Wendestellen. Dadurch lassen sich die Daten mit Hilfe des Polynoms auch genauer annähern.

Achtung: Wählt man den Grad des Polynoms so groß wie die Anzahl an Datenpunkten, dann lassen sich diese immer perfekt annähern. In der Praxis ist dies oft nicht gewünscht. Denn gemessene Datenpunkte enthalten auch immer Messfehler, welche nicht modelliert werden sollen. Je nach Anwendung und Art der Daten sollte man deshalb den gewünschten Polynomgrad sorgfältig wählen. Ansonsten ergibt sich ein Modell, welches keine Vorhersagekraft mehr besitzt. Man nennt diesen Effekt auch "Overfitting", eine Überanpassung an die Messdaten.

9.6 Partialbruchzerlegung

Mit Hilfe der Partialbruchzerlegung kann man einen Bruch aus Polynomen in einfachere Brüche aufteilen. Dadurch lassen sich auch aufwändigere Brüche mathematisch Integrieren.

Betrachten wir dazu beispielhaft den folgenden Bruch $f(x)$:

$$f(x) = \frac{p(x)}{q(x)} = \frac{x^2 - 17x - 8}{x^3 - 2x - 5x + 6}$$

Die Idee ist, dass man zunächst den Nenner in sogenannte Linearfaktoren aufteilt und dann einfachere Brüche mit Hilfe dieser Linearfaktoren erstellt. Ein Linearfaktor ist ein Faktor der Form $(x - x_i)$. Es kann gezeigt werden, dass sich für jede Nullstelle x_i eines Polynoms ein Linearfaktor $(x - x_i)$ abspalten lässt.

Der Nenner unseres Beispiels $p(x) = x^3 - 2x^2 - 5x + 6$ hat die Nullstelle $x = 1$. Der zugehörige Linearfaktor lautet $(x - 1)$ und durch Polynomdivision ergibt sich:

$$p(x) = x^3 - 2x^2 - 5x + 6 = (x - 1) \cdot (x^2 - x - 6)$$

Vom resultierenden Faktor $(x^2 - x - 6)$ kann man wiederum einen Linearfaktor abspalten. Eine Nullstelle von $(x^2 - x - 6)$ ist $x = 3$. Damit ergibt sich:

$$p(x) = x^3 - 2x^2 - 5x + 6 = (x - 1) \cdot (x - 3) \cdot (x + 2)$$

Der Gesamtbruch $f(x)$ kann nun wie folgt aufgeteilt werden:

$$f(x) = \frac{x^2 - 17x - 8}{x^3 - 2x - 5x + 6} = \frac{C_1}{x - 1} + \frac{C_2}{x - 3} + \frac{C_3}{x + 2}$$

mit noch nicht bekannten Konstanten C_i. Um die C_i zu bestimmen, überlegt man sich, was passieren würde, wenn man die rechte Seite wieder zusammenfasst. Dazu müsste man die drei Brüche wieder auf den gleichen Nenner bringen. Dazu erweitert man sie jeweils mit den Nennern der anderen Brüche auf der rechten Seite. Man erhält dann:

$$\frac{C_1(x - 3)(x + 2)}{x - 1} + \frac{C_2(x - 1)(x + 2)}{x - 3} + \frac{C_3(x - 1)(x - 3)}{x + 2}$$

Durch Ausmultiplizieren ergibt sich dann im Zähler:

$$\frac{C_1(x^2 - x - 6)}{x - 1} + \frac{C_2(x^2 + x - 2)}{x - 3} + \frac{C_3(x^2 - 4x + 3)}{x + 2}$$

Fassen wir die Brüche zusammen erhalten wir:

$$\frac{(C_1 + C_2 + C_3)x^2 + (-C_1 - 4C_2 + C_3)x - (-6C_1 + 3C_2 - 2C_3)}{(x - 1)(x - 3)(x + 2)}$$

Nun vergleicht man diesen Zähler mit dem Zähler $x^2 - 13x - 5$ des Gesamtbruchs, in dem man die Polynom-Koeffizienten abgleicht. Für die jeweiligen Potenzen ergibt sich dann der folgende Zusammenhang:

$$\begin{aligned} 1 &= C_1 + C_2 + C_3 \\ -13 &= -C_1 + C_2 - 4C_3 \\ -5 &= -6C_1 - 2C_2 + 3C_3 \end{aligned}$$

Dies ist ein LGS mit drei Gleichungen und drei Unbekannten. Die Lösungen lauten $C_1 = 4$, $C_2 = 2$, $C_3 = -5$. Insgesamt gilt somit:

$$f(x) = \frac{x^2 - 17x - 8}{x^3 - 2x - 5x + 6} = \frac{4}{x-1} + \frac{2}{x-3} + \frac{-5}{x+2}$$

In Matlab lässt sich diese aufwändige Berechnung mit dem Befehl *residue* durchführen. Für unser Beispiel implementiert man dies wie folgt:

```
1  p = [1 -17 -8];   % represents x^2-17x-8
2  q = [1 -2 -5 6];  % represents x^3-2x^2-5x+6
3  residue(p, q)     % generates [4; 2; -5]
```

Wir definieren zunächst in Zeile 1 und 2 die Polynome für Zähler und Nenner und rufen dann in Zeile 3 den Befehl *residue* auf. Der Zähler ist dabei der erste, der Nenner der zweite Parameter. Als Ergebnis ergibt sich ein Spaltenvektor mit den Konstanten C_1 bis C_3.

Der Befehl *residue* liefert als Rückgabewert nicht nur die Konstanten C_i, sondern auch die Nullstellen des Nenners. Dazu ruft man den Befehl mit zwei Rückgabevariablen auf:

```
1  [C, N] = residue(p, q)
```

Achtung: Bei doppelten Nullstellen im Nenner lässt sich die Zerlegung nicht wie oben beschrieben durchführen, dann ergäben sich auf der rechten Seite zwei Brüche mit dem gleichen Nenner. In so einem Fall muss die Zerlegung nach einem leicht variierten Ansatz erfolgen. Betrachten wir dazu das folgende Beispiel:

$$f(x) = \frac{4x}{(x+1)^2}$$

Die doppelte Nullstelle des Nenners ist $x = -1$. Wir zerlegen nun wie folgt:

$$f(x) = \frac{4x + 2}{(x+1)^2} = \frac{C_1}{x+1} + \frac{C_2}{(x+1)^2}$$

Es gilt dann

$$\frac{C_1}{x+1} + \frac{C_2}{(x+1)^2} = \frac{C_1(x+1)}{(x+1)^2} + \frac{C_2}{(x+1)^2}$$

Vergleichen wir nun die Koeffzienten, so ergibt sich:

$$4 = C_1$$
$$2 = C_1 + C_2$$

woraus folgt, dass $C_1 = 4$ und $C_2 = -2$ ist.

Der Befehl *residue* behandelt Fälle mit doppelten Nullstellen automatisch. Beim Aufruf muss nichts weiter beachtet werden:

```
numerator = [4 2]; % represents 4x+2
denominator = conv([1 1], [1 1]); % computes (x+1)*(x+1)
[C, N] = residue(numerator, denominator)
```

Im Quellcode oben legen wir zuerst Zähler und Nenner fest, wobei wir den Nenner durch Ausmultiplizieren berechnen. Anschließend rufen wir, wie vorhin den Befehl *residue* auf. Dieser liefert die Werte 4 und -2 für die beiden Konstanten C_i. Es gilt somit:

$$f(x) = \frac{4x+2}{(x+1)^2} = \frac{4}{x+1} + \frac{-2}{(x+1)^2}$$

Bemerkung: Da Matlab auch mit komplexen Werten umgehen kann, lässt sich der Nenner immer vollständig in Linearfaktoren zerlegen. Würde man nur mit reellen Werten rechnen, dann existieren Nenner, welche sich nicht in Linearfaktoren zerlegen lassen, z.B. der Term $1 + x^2$.

9.7 Sonstige Operationen

Matlab hat noch eine Reihe weiterer Befehle, welche auf Vektoren von Polynomkoeffizienten basieren. An dieser Stelle seien noch drei weitere Befehle kurz erwähnt.

9.7.1 Der Befehl *poly*

Der Befehle *poly* kann Polynome mit bestimmten, vorgegebenen Nullstellen erzeugen. Benötigt man z.B. ein Polynom mit den Nullstellen $x = 6$, $x = -1$ und $x = 5$, dann ruft man *poly* mit einem Vektor dieser Werte auf.

Beispiel

```
poly([6 -1 5]) % generates x^3-10x^2-19x+30
```

Der Befehl *poly* ist also so etwas wie die Umkehrung des Befehls *roots* zur Nullstellenberechnung.

9.7.2 Die Befehle *poly2sym* und *sym2poly*

Der Befehl *poly2sym* erzeugt aus einem Vektor von Polynom-Koeffizienten die zugehörige symbolische Schreibweise mit der Variable x.

Beispiel

```
s=poly2sym([2 -3 5]) % generates 2*x^2-3*x+5
```

Im Beispiel ergibt sich der Ausdruck 2*x^2-3*x+5. Der Befehl *sym2poly* macht genau das Umgekehrte, d.h. durch Aufruf von

```
sym2poly(s) % generates [2 -3 5]
```

erhalten wir wieder einen Vektor mit Polynom-Koeffizienten.

Wie man mit solchen symbolischen Ausdrücken umgehen kann, behandeln wir ausführlich in einem der späteren Kapitel.

Kapitel 10

Statistik und Zufall

Um Datenreihen zu analysieren, gibt es vielfältige Methoden aus der Statistik, welche wir in diesem Kapitel nur kurz anreißen werden. Wir beschränken uns im Wesentlichen auf gängige Größen, wie den Durchschnitt, Median, die Varianz und die Standardabweichung.

Zusätzlich behandeln wir in diesem Kapitel Zufallszahlen. Diese sind insbesondere für Simulationen von zentraler Bedeutung.

10.1 Mittelwert und Median

Der Mittelwert und der Median sind zwei Größen, welche im Prinzip etwas ähnliches machen. Sie berechnen einen "mittleren" Wert einer Datenreihe. Dabei ist die Berechnungsweise eine grundlegend andere.

Der Mittelwert berechnet sich als die Summe aller Zahlen einer Zahlenreihe geteilt durch die Anzahl der enthaltenen Werte. Wir betrachten beispielhaft die folgende Zahlenreihe

```
data = [5 4 7 9 10000 13 3 4 2 10 19]
```

Um den Mittelwert zu erhalten, können wir z.B. wie folgt vorgehen:

```
s = sum(data);
n = length(data); % alternative: size(data, 2)
d = s/n
```

Dabei berechnen wir in Zeile 1 zunächst mit dem Befehl *sum* die Summe der Datenreihe. Anschließend bestimmen wir mit dem Befehl *length* die Anzahl der Werte. Als Mittelwert ergibt sich dann deren Quotient *d* in Zeile 3.

Matlab hat für den Mittelwert auch einen eigenen Befehl. Dieser heißt *mean* und ist der englische Fachbegriff für Mittelwert. Wir können den Mittelwert daher auch einfach mit folgendem Aufruf berechnen:

```
d = mean(data)
```

Der Median berechnet ebenfalls einen mittleren Wert. Dabei wird allerdings keine Summe berechnet. Stattdessen werden die Zahlen der Größe nach sortiert und dann der Wert genau in der Mitte bestimmt. Für unser Beispiel ergibt sich:

```
sortedData = sort(data)
```

Dadurch ergibt sich die sortierte Datenreihe

```
[2 3 4 4 5 7 9 10 13 19 10000]
```

Das mittlere Element befindet sich an Position 6, denn insgesamt enthält die Datenreihe 11 Zahlen. Damit sind links von der Mitte 5 kleinere Zahlen und rechts von der Mitte 5 größere Zahlen. Um die Mitte zu berechnen und den dortigen Wert auszugeben rufen wir nun folgende Befehle auf:

```
middle = (length(data)+1)/2;
d = sortedData(middle);
```

Diese Vorgehensweise klappt nur dann, wenn eine Datenreihe eine ungerade Anzahl an Elementen aufweist. Bei einer geraden Anzahl an Elementen gibt es kein mittleres Element. In diesem Fall wird der Median als Durchschnitt der beiden, an die Mitte angrenzenden Werte berechnet.

Fügen wir in unserem Beispiel einen weiteren Wert 33 hinzu, dann berechnet sich der Median wie folgt:

```
data = [5 4 7 9 10000 13 3 4 2 10 19 33];
sortedData = sort(data);
middleLeft = length(data)/2;
middleRight = middleLeft+1;
d = (sortedData(middleLeft)+sortedData(middleRight))/2
```

Nach dem Sortieren in Zeile 2 ergibt sich dabei die folgende Datenreihe

```
[2 3 4 4 5 7 9 10 13 19 33 10000]
```

An die Mitte grenzen die beiden Zahlen 7 und 9 an. Die entsprechenden Positionen berechnen wir in Zeile 3 und 4 und berechnen anschließend in Zeile 5 den Durchschnitt der dort hinterlegten Werte.

Auch für den Fall des Medians existiert in Matlab ein eigener Befehl, mit welchem sich der Median für beide Fälle einfach berechnen lässt. Dieser lautet schlicht *median*:

```
d = median(data)
```

Hinweis: Der Median hat gegenüber dem Mittelwert den Vorteil, dass er robust gegenüber Ausreißern ist. D.h. weicht ein Wert extrem vom Rest der Daten ab, dann lässt dies den Median unbeeinflusst. In unserem Beispiel sind die meisten Zahlen relativ klein, nur der Wert 10000 liegt in einer ganz anderen Größenordnung. Der Mittelwert wird durch diesen Wert stark beeinflusst. In unserem Beispiel erhalten wir einen Wert von 916. Beim Median hingegen ist es egal, ob der höchste Wert 10000 oder gar eine Million ist. Es kommt nur darauf an, wieviele Werte kleiner und größer sind. Im Beispiel erhalten wir den Wert 7.

> **Mittelwert**
> Der Mittelwert einer Zahlenreihe mit den Einträgen $x_1, \ldots, x_n$ berechnet sich als
>
> $$d = \frac{1}{n} \sum_{i=1}^{n} x_i$$
>
> ```
> d = mean([x1 x2 ... xn])
> ```
>
> **Median**
> Der Median einer Zahlenreihe mit den sortierten Einträgen $x_1, \ldots, x_n$ berechnet das Element in der Mitte. Bei einer geraden Anzahl an Elementen ergibt sich der Median als Durchschnitt der, an die Mitte angrenzenden, Elemente:
>
> $$d = \begin{cases} x_{\frac{n+1}{2}} & n \text{ ungerade} \\ \frac{1}{2}\left(x_{\frac{n}{2}} + x_{\frac{n}{2}+1}\right) & n \text{ gerade} \end{cases}$$
>
> Die eine Hälfte der Zahlen der Zahlenreihe ist damit kleiner, die andere Hälfte ist größer als der Median.
>
> ```
> d = median([x1 x2 ... xn])
> ```
>
> *Der Median ist im Vergleich zum Mittelwert weniger anfällig gegenüber Ausreißern in den Daten.*

10.2 Maximum und Minimum

Das Maximum und Minimum einer Datenreihe berechnet sich mit den Befehlen *max* und *min*. Es spielt dabei keine Rolle, ob die Daten in Form eines Zeilen- oder Spaltenvektors angegeben werden.

Beispiel

```
m1 = max([1 2 3 4]) % ergibt 4
m2 = max([1; 2; 3; 4]) % ergibt 4
```

Die Befehle können auch auf Matrizen angewandt werden. Für Matlab sind Matrizen dann nichts anderes als Listen von Datenreihen. Beim Aufruf werden dann jeweils die Maxima bzw. Minima jeder Spalte der Matrix bestimmt.

Betrachten wir als Beispiel die einfache Matrix M mit:

$$M = \begin{pmatrix} 1 & 2 \\ 3 & 4 \end{pmatrix}$$

und rufen mit Matlab den Befehl *max* auf:

```
M = [1 2; 3 4];
max(M) % ergbit [3 4]
```

Wir erhalten einen Zeilenvektor mit den Werten 3 und 4, welches die Maxima der beiden Spalten der Matrix sind. Um die Maxima der Zeilen zu erhalten, könnten wir die Matrix vorher transponieren:

```
max(M')
```

Wir können auch das Maximum über alle Zeilen und Spalten berechnen. Dazu rufen wir den Befehl *max* nochmal auf dem Ergebnis auf:

```
max(max(M))
```

Dadurch bleibt nur das Maximum 4 als Ergebnis übrig.

10.3 Varianz und Standardabweichung

Die Varianz einer Datenreihe bezeichnet die durchschnittliche quadratische Abweichung der Werte vom Mittelwert d der Datenreihe. In der Literatur werden dabei zwei unterschiedliche Berechnungsweisen benutzt:

1. Stichprobenvarianz

$$Var(x_1,\ldots,x_n) = \frac{1}{n}\sum_{i=1}^{n}(x_i - d)^2$$

2. Korrigierte Stichprobenvarianz

$$Var(x_1,\ldots,x_n) = \frac{1}{n-1}\sum_{i=1}^{n}(x_i - d)^2$$

Die korrigierte Stichprobenvarianz hat statistisch vorteilhafte Eigenschaften für Datenreihen mit sehr vielen Werten. Im Allgemeinen wird aber die normale Stichprobenvarianz häufiger verwendet. Matlab nutzt aber standardmäßig die korrigierte Stichprobenvarianz.

Beide Formeln berechnen unterschiedliche Werte, deren Unterschiede aber kleiner werden, je mehr Daten eine Datenreihe enthält. Mit Matlab lässt sich die Varianz mit folgenden Befehlen berechnen.

Beispiel

```
data = [0 2 5 8 10 1 9 3 7];
n = length(data);
squaredSum = sum((data-mean(data)).^2);
var1 = squaredSum/n      % Stichprobenvarianz
var2 = squaredSum/(n-1)  % korrigierte Stichprobenvarianz
```

In Zeile 1 und 2 legen wir dabei zunächst eine Zahlenreihe an und bestimmen ihre Länge n. In der dritten Zeile berechnen wir dann die Summe der quadratischen Abweichungen. Dazu ziehen wir von jedem Element in *data* den Mittelwert ab und quadrieren den resultierenden Zeilenvektor komponentenweise. Anschließend berechnen wir mit dem Befehl *sum* die Summe dieser Quadrate und speichern sie in der Variable *squaredSum*. Nun können wir diese Summe durch n bzw. n-1 teilen, um die Stichprobenvarianz bzw. die korrigierte Stichprobenvarianz zu erhalten.

Im Beispiel oben ergibt sich als Stichprobenvarianz der Wert 12 und als korrigierte Stichprobenvarianz der Wert 13.6.

Der direkte Befehl zur Berechnung der Varianz in Matlab lautet *var*. Dieser berechnet standardmäßig die korrigierte Stichprobenvarianz, also den Wert 13.6 im Beispiel:

```
var(data)    % korrigierte Stichprobenvarianz
```

Um die normale Stichprobenvarianz zu erhalten, kann der Befehl mit einem weiteren Parameter aufgerufen werden:

```
var(data,1)  % Stichprobenvarianz
```

Die Standardabweichung (engl. standard deviation) einer Datenreihe beschreibt die durchschnittliche Abweichung eines Werts vom Mittelwert der Datenreihe. Mathematisch ist sie als Wurzel der Varianz definiert:

$$Std(x_1, \ldots, x_n) = \sqrt{Var(x_1, \ldots, x_n)}$$

Da die Standardabweichung von der Varianz abhängt, gibt es auch hier wieder zwei Varianten. Die Wurzel der Stichprobenvarianz und die Wurzel der korrigierten Stichprobenvarianz. In Matlab existiert hierfür der Befehl *std*.

Beispiele

```
std(data)     % Wurzel der korrigierten Stichprobenvarianz
std(data, 1)  % Wurzel der Stichprobenvarianz
```

10.4 Zufallszahlen

Streng genommen berechnet ein herkömmlicher Computer keine richtigen Zufallszahlen. Er erzeugt stattdessen sogenannte Pseudozufallszahlen. Das sind Zahlen die gewisse statistische Kriterien erfüllen, aber trotzdem mit einem starren Algorithmus berechnet wurden. Das Ganze erscheint nur dadurch zufällig, dass der Algorithmus bei jedem Start mit einem anderen Startwert gefüttert wird. Dies kann z.B. die aktuelle Uhrzeit sein. Würde man den Algorithmus zweimal mit dem gleichen Startwert aufrufen, dann würde er auch immer die gleichen Zahlen berechnen.

Grundsätzlich unterscheiden wir dabei Zufallszahlen für verschiedene statistische Verteilungen. Am häufigsten werden Zufallszahlen benötigt, welche gleichverteilt sind, d.h. jede Zahl hat die gleiche Wahrscheinlichkeit. Ebenfalls häufig genutzt werden normalverteilte Zufallszahlen. Deren Wahrscheinlichkeiten beruhen auf der Normalverteilung. Werte nahe eines Mittelwerts μ kommen dabei häufiger vor.

Gleichverteilte Zufallszahlen können in Matlab mit dem Befehl *rand* (kurz für engl. random) erzeugt werden.

Beispiel

```
rand(1,10)
```

Die Parameter geben an, wieviele Zufallszahlen erzeugt werden sollen. Dabei steht der erste Parameter für die Anzahl an Zeilen und der zweite für die Anzahl an Spalten. Im Beispiel oben wird also eine Zeile mit 10 Spalten an Zufallszahlen erzeugt.

Jedesmal wenn wir den Befehl erneut aufrufen, ändern sich erzeugten Werte. Sie liegen jedoch stets im offenen Intervall zwischen 0 und 1. Um Zufallszahlen in einem anderen Bereich zu erzeugen, können wir das Ergebnis von *rand* nachträglich umrechnen.

Beispiel

```
r = rand(2,2);
r*6
r+3
```

In Zeile 1 erzeugen wir zunächst eine 2×2-Matrix mit Zufallszahlen. In Zeile 2 multiplizieren wir jede dieser Zahlen mit 6. Damit liegen die Zahlen nicht mehr im Bereich 0 bis 1, sondern im Bereich 0 bis 6. Schließlich addieren wir die Zahl 3, wodurch die Zahlen in den Bereich 3 bis 9 verschoben werden.

Allgemein könnte man die Zahl 6 als Streubreite s ansehen und die Zahl 3 als einen Versatz v. Damit ließen sich Zufallszahlen im Bereich a und b wie folgt erzeugen:

```
s = b-a;
v = a;
r = rand(2,2)*s + v
```

In vielen Anwendungen sind zufällige Ganzzahlen gewünscht. Diese lassen sich dadurch erzeugen, das man die generierten Kommazahlen nach oben oder unten abrundet. Matlab hat hierfür die Befehle *floor* und *ceil*, wobei *floor* immer abrundet und *ceil* immer aufrundet. Der Namensgebung kommt vom englischen *floor*, was dem Begriff "Boden" entspricht und *ceil*, welches kurz für ceiling steht und "Decke" bedeutet.

Beispiel

```
s = b-a;
v = a;
r = floor(rand(2,2)*s + v)
```

Obiges Beispiel erzeugt ganzzahlige Zufallszahlen zwischen a und $b-1$. Die Zahl b selbst wird nicht erreicht, da mit *floor* immer abgerundet wird.

Alternativ existiert der Befehl *randi*, was kurz für "random integer", also zufällige Ganzzahl steht. Der Befehl *randi* nimmt als ersten Parameter den Maximalwert der Zufallszahlen entgegen, die erzeugt werden sollen. Der Maximalwert kann dabei erreicht werden.

Beispiel

```
r = randi(10,2,2)
```

Der obige Aufruf erzeugt eine 2×2-Matrix mit zufälligen Ganzzahlen zwischen 0 und 10.

Sollen die Zufallszahlen nicht gleich- sondern normalverteilt sein, dann kann man den Befehl *randn* verwenden. Dieser Befehl erzeugt Zufallszahlen, welche einer Normalverteilung mit Mittelwert $\mu = 0$ und Standardabweichung $\sigma = 1$ entsprechen. Insbesondere können hier auch Werte kleiner Null oder größer 1 enstehen.

Die Normalverteilung entspricht eine Gaussglocke und hat die folgende Form:

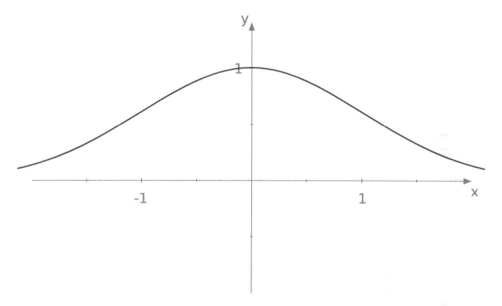

Werte nahe der 0 sind damit viel wahrscheinlicher und treten deshalb häufiger auf, als Werte größer 1 oder kleiner -1.

Beispiel

```
r = randn(2,2)
```

Dieser Aufruf erzeugt wieder eine 2×2-Matrix mit Zufallszahlen. Diese Zufallszahlen sind nun aber normalverteilt.

Um den Mittelwert *m* und die Standardabweichung *s* anzupassen, kann man das Resultat wie vorhin wieder umformen.

Beispiel

```
1  m = 100;
2  s = 5;
3  r = s*randn(2,2) + m
```

In Zeile 3 werden dabei die Zufallszahlen mit dem Faktor *s* gestreckt, dadurch ändert sich die Standardabweichung von 1 auf den Wert s. Anschließend werden die Zahlen um m verschoben, wodurch der Mittelwert entsprechend verändert wird. Auf diese Weise lassen sich beliebige Gaussglocken modellieren.

Kapitel 11

Symbolisches Rechnen

Bei allen bisher gezeigten Techniken rechnete Matlab mit bekannten Zahlenwerten, Vektoren oder Matrizen. Das Konzept einer Unbekannten oder einer Gleichung gab es bei der Berechnung nicht.

Mit symbolischem Rechnen bezeichnen wir das Rechnen mit Unbekannten, auch Symbole genannt. Man kann sich symbolisches Rechnen vorstellen, als ob Matlab die gleichen Umformungen macht, wie man es selbst auf Papier machen würde. Matlab zeigt dann aber nur das Endergebnis und nicht die einzelnen Lösungsschritte an.

In den ersten Versionen von Matlab existierte ein solche Funktionalität nicht und wurde erst später hinzugefügt. GNU Octave unterstützt symbolisches Rechnen mit Hilfe einer Erweiterung, welche auf SymPy, einer Python-Bibliothek, basiert. In Octave muss diese Bibliothek immer vorher mit folgendem Aufruf geladen werden:

```
pkg load symbolic
```

11.1 Symbole und symbolische Ausdrücke

Um in Matlab ein Unbekannte oder Symbol zu erstellen, ruft man den Befehl *syms* auf.

Beispiele

```
syms('x')
syms x
```

Wie man sieht, kann der Aufruf mit Klammern und Anführungszeichen oder ohne erfolgen. In beiden Fällen wird ein Symbol *x* erzeugt. Ruft man *syms* ohne Parameter auf, dann zeigt Matlab alle bereits angelegten Symbole an.

Hinweis: Es können auch mehrere Symbole auf einmal definiert werden:

```
syms('s', 't')
```

Mit Hilfe von Symbolen lassen sich auch zusammengesetzte symbolische Ausdrücke erzeugen.

Beispiel

```
1  syms('t');
2  f = exp(-1/2*t^2)
```

Im Beispiel erzeugen wir einen Ausdruck in der Variable *f*, welcher aus einer *e*-Funktion und dem Symbol *t* zusammengesetzt ist.

Symbolische Ausdrücke können mit dem Befehl *pretty* (engl. hübsch) etwas anschaulicher dargestellt werden. Matlab erzeugt dann eine Textausgabe mit einer visuellen Darstellung.

Beispiel

```
1  pretty(f)
2        /    2  \
3        |   t   |
4  exp|  - --   |
5        \    2  /
```

Ein Symbol kann auch als eine Art Platzhalter aufgefasst werden, dessen Wert später eingesetzt werden kann. Dazu gibt es den Befehl *subs*, welcher kurz für "substituieren" also ersetzen steht.

Beispiel

```
1  f2 = subs(f, t, 2); % erzeugt exp(-2)
```

Der Aufruf von *subs* mit den Parametern *f*, *t* und 2 ersetzt im Ausdruck *f* das Symbol *t* mit dem Wert 2. Als Ergebnis erhalten wir einen neuen Ausdruck, den Ausdruck *exp(-2)*. Das Ergebnis des Befehls *subs* ist immer ein symbolischer Ausdruck und keine Zahl. Enthält der Ausdruck keine eigentlichen Symbole wie z.B. *t* mehr, dann kann man seinen Wert mit dem Befehl *eval* bestimmen.

Die Variable *f* selbst ist auch wieder ein Symbol, denn man kann ihren exakten Wert nicht bestimmen. Für unser Beispiel ergibt sich:

```
1  eval(f2) % erzeugt 0.1353
```

Mit dem resultierenden Wert kann anschließend weiter gerechnet werden.

11.2 Gleichungen lösen

In Matlab lassen sich nicht nur symbolische Ausdrücke für Funktionen definieren, sondern auch Gleichungen. Dabei wird stets ein doppeltes Gleichheitszeichen verwendet.

Beispiel

```
eqn = 2*x+5 == 3*x;
```

Die Variable *eqn* (kurz für englisch equation) enthält nach dem Aufruf eine symbolische Gleichung.

Matlab enthält auch Algorithmen, um viele Arten von Gleichungen automatisch zu lösen, dazu setzen wir immer den Befehl *solve* ein.

Beispiel 1

```
eqn = 2*x+5 == 3*x;
solve(eqn, x)
```

In Zeile 2 lösen wir die Gleichung *eqn* nach *x* auf. Enthält eine Gleichung mehrere Symbole, dann kann auch nach anderen Symbolen aufgelöst werden. Als Ergebnis von *solve* erhalten wir immer einen symbolischen Ausdruck. In diesem einfachen Fall ist dies das Symbol 5, was selbstverständlich auch dem Wert 5 entspricht.

Beispiel 2

```
eqn = exp(3*x)==2;
solve(eqn, x)
```

Im zweiten Beispiel definieren wir in Zeile 1 eine nicht lineare Gleichung $e^{3x} = 2$. Lösen wir diese nach *x* auf, dann erhalten wir den symbolischen Ausdruck *log(2)/3*, woraus sich mit *eval* der Wert 0.2310 bestimmen lässt.

Ist die Lösung einer Gleichung nicht eindeutig, so kann Matlab auch mehrere Lösungen berechnen.

Beispiel 3

```
eqn = x^2+4*x-5==0;
solve(eqn, x)
```

Im dritten Beispiel haben wir eine quadratische Gleichung definiert, welche wir mit *solve* auflösen. Als Ergebnis erhalten wir einen Vektor mit den Lösungen. Jeder Eintrag des Vektors enthält einen symbolischen Ausdruck. In diesem einfachen Fall entsprechen diese den Werten -5 und 1.

Diese Lösungen hätten wir auch mit dem Befehl *roots* berechnen können. Der Befehl *roots* arbeitet nicht mit symbolischen Ausdrücken und funktioniert nur für Polynome (siehe Kapitel 9).

Hat eine Gleichung aufgrund der Periodizität einer enthalten Funktion unendlich viele Lösungen, dann gibt Matlab standardmäßig nur die erste Lösung zurück.

Beispiel

```
eqn = sin(x) == 1;
solve(eqn,x)
```

Als Lösung erhalten wir hier den Ausdruck *pi/2*.

Die vollsändige Lösung erhält man, wenn man als Parameter den Wert für 'Return-Conditions' auf wahr setzt und alle Rückgabewerte entgegennimmt. Unser Beispiel ändert sich dann wie folgt:

```
> [sol, params, conds] = solve(eqn, x, 'ReturnConditions', true)

    sol = pi/2 + 2*pi*k

    params = k

    conds = in(k, 'integer')
```

Als Ergebnis erhalten wir dann nicht nur die allgemeine periodische Lösung mit dem Parameter *k* (Ausgabe in Zeile 3), sondern auch noch Informationen über diesen Parameter. Denn *k* darf nur ganzzahlige Werte annehmen (Ausgabe in Zeile 7).

Bemerkung: Gleichungen können auch direkt im Befehl *solve* definiert werden:

```
solve(x^2-1==0, x)
```

Wenn kein Symbol angegeben wird, dann versucht Matlab das wahrscheinlichste Symbol zu finden:

```
syms('x','y');
solve(x+y==0) % ergibt -y
```

Bei obigem Aufruf löst Matlab z.B. automatisch nach x auf.

11.3 Gleichungssysteme lösen

Der Befehl *solve* kann nicht nur auf eine einzige, sondern auf mehrere Gleichungen angewandt werden, damit lassen sich dann auch Gleichungssysteme lösen.

Beispiel 1

```
eqn1 = 2*x+y==4;
eqn2 = x + 3*y == 7;
sol = solve(eqn1, eqn2, [x y])
```

Im Beispiel oben definieren wir zwei Gleichungen *eqn1* und *eqn2*. Diese bilden ein lineares Gleichungssystem, welches eine eindeutige Lösung hat. Beide Gleichungen übergeben wir als Parameter an den Befehl *solve* und geben zusätzlich an, dass nach den Symbolen *x* und *y* aufgelöst werden soll. Die Symbole werden dabei als Vektor angegeben.

Als Ergebnis erhalten wir keinen Vektor, sondern eine sogenannte *struct* (kurz für englisch structure):

```
sol =

```

```
3    struct with fields:
4
5        x: [1x1 sym]
6        y: [1x1 sym]
```

Eine solche Struktur enthält Felder oder Einträge, welche mit einem Namen verknüpft sind. Auf diese lässt sich mit einem Punkt zugreifen. In unserem Fall sind diese Namen x und y und wir erhalten die Inhalte durch folgenden Aufruf:

```
1    sol.x
2    sol.y
```

Für obiges Beispiel sind dies die symbolischen Ausdrücke 1 für x und 2 für y.

Hinweis: Nähere Informationen zu Strukturen und deren Funktionsweise findet man im Anhang dieses Buchs.

Hat ein Gleichungssystem unendlich viele Lösungen, dann kann als Parameter wieder der Wert 'ReturnConditions' auf wahr gesetzt werden. Ansonsten zeigt Matlab nur eine Lösung an.

Beispiel 2

```
1    eqn1 = 2*x+y==4;
2    eqn2 = 4*x + 2*y == 8;
3    sol = solve(eqn1, eqn2, [x y], 'ReturnConditions', true)
```

Als Ergebnis ergibt sich dann eine Struktur der folgenden Form:

```
1    sol =
2
3        struct with fields:
4
5                 x: [1x1 sym]
6                 y: [1x1 sym]
7        parameters: [1x1 sym]
8        conditions: [1x1 sym]
```

Neben den Feldern für x und y gibt es noch Einträge für *parameters* und *conditions*. Im unserem konkreten Beispiel erhalten wir die folgenden Werte:

```
1    sol.x = 2 - z/2
2    sol.y = z
3    sol.parameters = z
4    sol.conditions = TRUE
```

Neben linearen Gleichungssystemen lassen sich mit *solve* sogar nicht lineare Gleichungssysteme lösen.

Beispiel 3

```
1    eqn1 = 4*x-2*y==6;
2    eqn2 = x^2 + y == 5;
3    sol = solve(eqn1, eqn2, [x y])
```

Wie man sieht geschieht der Aufruf in der selben Form wie bisher. Dieses Gleichungssystem hat zwei Lösungen. Wir erhalten als Ergebnis:

```
1  sol.x = [2; -4]
2  sol.y = [1; -11]
```

Dies bedeutet, dass sowohl das Paar $x = 2$ und $y = 1$, als auch das Paar $x = -4$ und $y = -11$ beide Gleichungen des Gleichungssystems erfüllen.

11.4 Symbolisch differenzieren

Mit Matlab lassen sich mathematische Funktionen auch differenzieren und integrieren. Dazu legt man zunächst eine mathematische Funktion in Form eines symbolischen Ausdrucks an und ruft anschließend den Befehl *diff* auf.

Beispiel 1

```
1  syms('x');
2  f = 3*x^2+7*x+5;
3  fx = diff(f, x)
```

Der Befehl *diff* in Zeile 3 nimmt den Funktionsausdruck *f* und das Symbol *x* entgegen, nach welchem differenziert werden soll. Wir erhalten den symbolischen Ausdruck

```
1  fx = 6*x + 7
```

als Ergebnis.

Matlab beachtet selbstverständlich die gängigen Ableitungsregeln z.B. die Produkt-, Quotienten- und Kettenregel.

Beispiel 2

```
1  f = (x^2+1)*(x-1)^10;
2  fx = diff(f, x)
```

Als Ergebnis ergibt sich hier:

```
1  fx = 2*x*(x - 1)^10 + 10*(x^2 + 1)*(x - 1)^9
```

Der Befehl *diff* unterstützt auch Ableitungen höherer Ordnung. Dazu gibt man die gewünschte Ordnung als weiteren Parameter beim Aufruf des Befehls an. Die zweite und dritte Ableitung eines Funktionsausdrucks *f* lassen sich z.B. wie folgt berechnen:

```
1  f2 = diff(f, x, 2); % zweite Ableitung
2  f3 = diff(f, x, 3); % dritte Ableitung
```

Kommen in einem symbolischen Funktionsausdruck mehrere Variablen vor, dann kann auch die partielle Ableitung in Richtung eines bestimmten Symbols berechnet werden.

Beispiel 3

```
1  f = 3*x*y + exp(x*y+2*x)
2  fx = diff(f, x)
3  fy = diff(f, y)
```

In Zeile 2 berechnen wir im obigen Beispiel die partielle Ableitung in x-Richtung und in Zeile 3 die partielle Ableitung in y-Richtung. Es ergeben sich die folgenden Ausdrücke:

```
1  fx = 3*y + exp(2*x + x*y)*(y + 2)
2  fy = 3*x + x*exp(2*x + x*y)
```

11.5 Symbolisch integrieren

Die symbolische Integration wird mit dem Befehl *int* durchgeführt. Mit Hilfe dieses Befehls lassen sich sowohl unbestimmte Integrale, d.h. Integrale ohne Grenzen, als auch bestimmte Integrale mit Grenzen lösen.

Betrachten wir als erstes Beispiel das folgende Integral

$$\int 2x^2 + x + 7 \, dx$$

Dieses Integral ist unbestimmt, da die Grenzen fehlen. Um die entsprechende Stammfunktion zu berechnen, rufen wir die folgenden Befehle in Matlab auf:

```
1  f = 2*x^2 + x + 7;
2  F = int(f, x)
```

Wie im Beispiel ersichtlich, nimmt der Befehl *int* zwei Parameter entgegen: Den Funktionsausdruck f und das Symbol x, nach welchem integriert werden soll. Als Ergebnis erhalten wir als Stammfunktion den Ausdruck

```
1  F = (x*(4*x^2 + 3*x + 42))/6
```

ohne eine mögliche Konstante $+c$.

Die Darstellung des Ergebnis unterscheidet sich, von dem was ein Mensch auf Papier errechnet hätte. Man hat an dieser Stelle aber leider keinen Einfluß darauf, wie Matlab den angegebenen Funktionsaudruck umformt, um diesen effektiv automatisch zu integrieren.

Um die gewohnte Darstellung zu erhalten, können wir allerdings den Ergebnis-Ausdruck ausmultiplizieren. Dafür existiert der Befehl *expand*, was der englische Fachbegriff für ausmultiplizieren ist. Wir rufen auf:

```
1  Fe = expand(F)
```

und erhalten dann das besser nachvollziehbare Ergebnis

```
1  Fe = (2*x^3)/3 + x^2/2 + 7*x
```

Neben *expand* gibt es noch weitere Befehle, mit welchen sich symbolische Ausdrücke umformen lassen. Ein weiterer häufiger Befehl ist dabei, der Befehl *simplify*, welcher versucht, einen Ausdruck einfacher zu machen, indem er Terme zusammenfasst oder ausklammert. In unserem Beispiel erhalten wir durch Aufruf von:

```
simplify(Fe)
```

genau wieder das ursprüngliche Ergebnis der Integration.

Die Berechnung eines bestimmten Integrals erfolgt ebenfalls mit dem Befehl *int*. Beim Aufruf müssen dazu lediglich noch die Grenzen als weitere Parameter angegeben werden. Wir wandeln dazu unser Beispiel ab und betrachten das bestimmte Integral:

$$\int_0^3 2x^2 + x + 7\,dx$$

Um den Wert dieses Integrals zu berechnen, rufen wir folgende Befehle auf:

```
f = 2*x^2 + x + 7
a = 0;                  % untere Grenze
b = 3;                  % obere Grenze
A = int(f, x, a, b)     % erzeugt symbolischen Ausdruck 87/2
eval(A)                 % erzeugt Wert 43.5
```

Im obigen Quelltext legen wir zunächst die Funktion *f*, sowie die Grenzen *a* und *b* fest. Dann rufen wir *int* mit den zusätzlichen Parametern *a* und *b* auf. Matlab setzt dann diese Grenzen in die Stammfunktion ein und gibt einen symbolischen Ausdruck zurück. In unserem Beispiel ist es der symbolische Bruch *87/2*. Mit *eval* werten wir diesen Bruch aus und erhalten einen numerischen Wert, mit welchem wir weiterrechnen können.

Matlab kann auch uneigentliche Integrale lösen. Uneigentliche Integrale sind Integrale, bei welchen eine Grenze unendlich ist.

Beispiel: Uneigentliches Integral

$$\int_2^\infty \frac{1}{x^2}\,dx$$

Beim Lösen in Matlab geben wir dazu für ∞ den Ausdruck *inf* an:

```
int(1/x^2, x, [2 inf])
```

Die Fläche unter dieser Funktion ist zwar unendlich breit, hat aber trotzdem einen endlichen Wert. Matlab berechnet den korrekten Wert *1/2*.

Wird bei einem uneigentlichen Integral die Fläche unendlich groß, dann gibt Matlab auch den Wert *inf* für die Fläche zurück.

Matlab kann auch komlizierte Integrale lösen, für welche man auf Papier fortgeschrittene Integrationstechniken wie z.B. die Partialbruchzerlegung, die Produktintegration oder die Integration durch Substitution benötigt.

Im Folgenden zeigen wir dafür einige Beispiele:

```
int( x^2*sin(x), x) % Produktintegration

    ans = 2*x*sin(x) - cos(x)*(x^2 - 2)

int( x^2/(3*x^3+5), x) % Integation durch Substitution

    ans = log(x^3 + 5/3)/9

int( (x+1)/(x^2-3*x+2), x) % Partialbruchzerlegung

    ans = 3*log(x - 2) - 2*log(x - 1)
```

Auch bei Funktionsausdrücken mit mehreren Symbolen kann Matlab eine Stammfunktion berechnen. Dazu muss lediglich angegeben werden, nach welchem Symbol integriert werden soll.

Beispiel

```
f = 3*x*y + exp(x*y+2*x)
fx = diff(f, x)
int(fx, x)
```

Im obigen Beispiel differenzieren wir zunächst eine Funktion nach x und integrieren das Ergebnis anschließend wieder. Da die Ausgangsfunktion keine Konstante enthält, erhalten wir nach der Integration wieder die Ausgangsfunktion f.

Kapitel 12

Differentialgleichungen

Differentialgleichungen (kurz: DGL) und ihre Lösungen spielen in den Ingenieur- und Naturwissenschaften eine zentrale Rolle. Die Anwendungen reichen dabei von physikalischen Schwingungen über die Strömungsmechanik bis hin zu Wachstumsprozessen in der Biologie.

Ein Standardbeispiel ist die Berechnung der Strahlung beim radioaktiven Zerfall. Die Menge an Atomen, welche zu einem Zeitpunkt t zerfällt, hängt dabei proportional mit der vorhandenen Menge an radioaktiven Atomkernen zusammen. Mathematisch wird dies durch die folgende Differentialgleichung ausgedrückt, wobei der Parameter r Zerfallsrate genannt wird:

$$f'(t) = r \cdot f(t)$$

Je nach Art und Beschaffenheit einer Differentialgleichung lassen sich verschiedene Techniken anwenden, um diese zu lösen. D.h. die unbekannte Funktion f zu finden, für welche die Differentialgleichung erfüllt ist. Im obigen Fall lässt sich die Gleichung durch Trennen der Variablen und anschließender Integration beider Seiten auflösen. Wir erhalten:

$$\begin{aligned} f'(t) &= r \cdot f(t) \\ \frac{f'(t)}{f(t)} &= r \\ \int \frac{f'(t)}{f(t)}\,dt &= \int r\,dt \\ \ln(f(t)) + c_1 &= rt + c_2 \\ e^{\ln(f(t))+c_1} &= e^{rt+c_2} \\ e^{\ln(f(t))} \cdot e^{c_1} &= e^{rt} \cdot e^{c_2} \\ f(t) \cdot e^{c_1} &= e^{c_2} \cdot e^{rt} \\ f(t) &= e^{c_2-c_1} \cdot e^{rt} \\ f(t) &= e^{c} \cdot e^{rt} \end{aligned}$$

mit $c = c_2 - c_1$.

Die Lösung einer Differentialgleichung wird erst dann eindeutig, wenn man zusätzlich einen Anfangswert kennt. Im Beispiel ist der Wert von c unbekannt und dieser kann z.B. bestimmt werden, wenn man die Menge an radioaktiven Atomkernen zu einem Zeitpunkt kennt. Nehmen wir beispielsweise an, dass zum Zeitpunkt $t_0 = 0$ die Menge an Atomkernen den Wert $f(t_0) = 4 \cdot 10^{34}$ habe, dann erhalten wir:

$$\begin{aligned} f(t_0) &= e^c \cdot e^{r \cdot 0} \\ f(t_0) &= e^c \cdot e^0 \\ f(t_0) &= e^c \\ 4 \cdot 10^{34} &= e^c \end{aligned}$$

Damit ergibt sich die eindeutige Lösung:

$$f(t) = 4 \cdot 10^{34} \cdot e^{rt}$$

Nicht alle Differentialgleichungen sind exakt lösbar. In machen Fällen greifen wir deshalb auf numerische Lösungsverfahren zurück, welche versuchen den Funktionsverlauf Stück für Stück anzunähern.

12.1 Exakte Lösung von Differentialgleichungen

Ist eine Differentialgleichung exakt lösbar, dann kann die Lösung mit Matlab mit dem Befehl *dsolve* berechnet werden. Matlab rechnet dabei symbolisch, d.h. es löst die DGL mit den selben Verfahren und Algorithmen, welche wir auch auf Papier verwenden würden.

Betrachten wir das folgende Beispiel:

$$f'(t) = 2t \cdot f(t)$$

Um diese Differentialgleichung zu lösen, benutzen wir die folgenden Befehls-Aufrufe:

```
syms('f(t)');
eqn = diff(f,t) == 2*t*f(t);
dsolve(eqn)
```

In Zeile 1 legen wir dabei zunächst fest, welche Symbole es gibt. Dafür rufen wir den *syms*-Befehl mit *f(t)* auf. Matlab weiß dann nicht nur, dass sowohl *f* als auch *t* Symbole sind, sondern ebenfalls, dass diese beiden zusammenhängen. Nur wenn Matlab dieser Zusammenhang klar ist, akzeptiert Matlab den Term *f(t)* in Zeile 2. Ansonsten wären für Matlab die runden Klammern nämlich ein Zeichen für einen Funktionsaufruf oder eine Indizierung. Beides macht auf dem Symbol *f* keinen Sinn.

In Zeile 2 definieren wir die Differentialgleichung. Die Ableitung $f'(t)$ wird dabei durch den Befehl *diff(t, t)* dargestellt. Ausserdem gilt es das doppelte Gleichheitszeichen zu beachten.

Schließlich lösen wir in Zeile 3 die definierte Gleichung mit dem Befehl *dsolve*. Der Befehl *dsolve* nimmt als Parameter die DGL entgegen und gibt die Lösung als symbolischen Ausdruck zurück.

Für unser Beispiel erhalten wir die Lösung

```
ans = C1*exp(t^2)
```

Um den Wert von *C1* zu bestimmen, benötigen wir einen Anfangswert. Dieser sei $f(0) = 5$. Um die dann eindeutige Lösung zu berechnen, übergeben wir diese Bedingung als weitere Gleichung an den Befehl *dsolve*:

```
dsolve(eqn, f(0)==5)
```

Das Ergebnis lautet dann:

```
ans = 5*exp(t^2)
```

Mit *dsolve* können nicht nur einzelne Differentialgleichungen, sondern auch ganze Systeme von mehreren Differentialgleichungen gelöst werden. Die einzelnen Gleichungen und Anfangsbedingungen werden dabei als Parameter an den Befehl *dsolve* übergeben.

Betrachten wir dazu das folgende System von Differentialgleichungen:

$$\begin{aligned} f'(t) &= -5 \cdot f(t) + 4 \cdot g(t) \\ g'(t) &= 2 \cdot f(t) - 3 \cdot g(t) \end{aligned}$$

mit den Anfangswerten:

$$f(0) = 7 \quad \text{und} \quad g(0) = -2$$

Um die Lösung zu bestimmen, nutzen wir den folgenden Matlab-Quelltext:

```
syms('f(t)','g(t)');
eqn1 = diff(f,t)==-5*f(t)+4*g(t);
eqn2 = diff(g,t)==2*f(t)-3*g(t);
sol = dsolve(eqn1, eqn2, f(0)==7, g(0)==-2);
sol.f
sol.g
```

In Zeile 1 – 3 definieren wir dabei zunächst die Symbole und die beiden Differentialgleichungen. Den Befehl *dsolve* rufen wir in Zeile 4 mit den Gleichungen und den Anfangswerten auf. Der Befehl *dsolve* berechnet zwei Größen: die Funktion f und die Funktion g. Diese gibt er in Form einer Struktur zurück, welche beide Funktionen enthält. Um die Lösung für die Funktionen f und g zu erhalten, greifen wir deshalb in Zeile 5 und 6 auf die Namen f und g der Ergebnisvariable *sol* zu.

Wir erhalten die Lösungen:

```
1  sol.f = exp(-t) + 6*exp(-7*t)
2  sol.g = exp(-t) - 3*exp(-7*t)
```

Hinweis: Mehr Informationen dazu, was eine Matlab Struktur genau ist und wie diese funktioniert, findet man im Anhang dieses Buchs.

Die bisherigen Beispiele haben lediglich erste Ableitungen oder Ableitungen erster Ordnung enthalten. In der Praxis kommen aber auch Differentialgleichungen mit höheren Ableitungen vor. Wir nennen diese Differentialgleichungen dann auch Differentialgleichung höherer Ordnung.

Betrachten wir beispielhaft die folgende DGL:

$$f''(t) + 2 \cdot f(t) = 4$$

mit den Anfangswerten:

$$f'(0) = 0 \quad \text{und} \quad f''(0) = 0$$

Bemerkung: Bei Differentialgleichung höherer Ordnung benötigen wir mehrere Anfangswerte, damit die Lösung eindeutig wird. Die Anzahl der Werte hängt dabei von der Ordnung ab.

Die Lösung in Matlab kann wie folgt implementiert werden:

```
1  syms('f(t)');
2  eqn = diff(f, t, 2) + 2*f(t) == 4;
3  f1 = diff(f,t);
4  dsolve(eqn, f(0)==0, f1(0)==0)
```

Zunächst definieren wir dabei wieder in Zeile 1 − 2 die Differentialgleichung. Die zweite Ableitung wird dabei als *diff(f,t,2)* geschrieben. In Zeile 3 speichern wir uns die erste Ableitung von f in einer Variable $f1$ zwischen. Der Grund dafür liegt darin, dass Matlab keine aufeinanderfolgenden, runden Klammern erlaubt. Folgender Ausdruck ist deshalb leider nicht möglich:

```
1  diff(f,t)(0) % Fehler: ()-indexing must appear last in an
       index expression.
```

In Zeile 4 lösen wir die DGL mit dem Befehl *dsolve*, wobei wir auch die Anfangswerte angeben. Als Resultat ergibt sich:

```
1  ans = 2 - 2*cos(2^(1/2)*t)
```

12.2 Numerische Lösung von Differentialgleichungen

Matlab kann Differenzialgleichungen auch numerisch lösen. Anstatt die Funktion explizit analytisch zu berechnen, werden lediglich einzelne Werte der Funktion näherungsweise berechnet. Es gibt dafür eine Reihe verschiedener numerischer Verfahren. Wir betrachten zunächst beispielhaft eine sehr einfache Variante um die mathematische Idee zu veranschaulichen. Im weiteren Verlauf benutzen wir aber das numerisch stabilere Runge-Kutta Verfahren.

Vereinfachtes Beispiel

Gegeben sei die Differentialgleichung:

$$f'(t) = \frac{5}{4} \cdot f(t)$$

mit dem Anfangswert $f(0) = 1$.

Unser Ziel ist es nun, Werte zu bestimmen, welche den Verlauf der Funktion f möglichst genau annähern. Einen solchen Wert kennen wir bereits: den Anfangswert $f(0) = 1$. Den zugehörigen Punkt $P_0(0|1)$ können wir in ein Koordinatensystem (siehe unten) eintragen.

Basierend auf diesem Startwert lassen sich Werte in der näheren Umgebung berechnen, denn wir kennen nicht nur den Funktionswert von f an der Stelle $t_0 = 0$, sondern auch die Steigung. Diese kann man nämlich aus der DGL berechnen. Es gilt:

$$f'(0) = \frac{5}{4} \cdot f(0) = \frac{5}{4} \cdot 1 = \frac{5}{4}$$

Bewegen wir uns jetzt leicht nach rechts oder links im Koordinatensystem, dann können wir weitere Werte mit Hilfe dieser Steigung annähern. Beispielhaft betrachten wir als nächstes die etwas weiter entfernte Stelle $t_1 = 1$. Unter der Annahme, dass sich die Steigung zwischen 0 und 1 nicht zu stark ändert, können wir den zugehörigen Funktionswert $f(1)$ berechnen. Es gilt:

$$f(1) = f(0) + f'(0) = 1 + \frac{5}{4} = \frac{9}{4}$$

Diesen Punkt $P_1(1|\frac{5}{4})$ können wir ebenfalls in das Koodinatensystem einzeichnen. Wir haben damit schon zwei Punkte, welche uns Aufschluss über den Verlauf von f geben.

Ausgehend von P_1 können wir die gleiche Überlegung nun erneut durchführen. Wir kennen näherungsweise den Wert $f(1)$, womit sich nn der Umgebung von $t_1 = 1$ auch näherungsweise die Steigung der Funktion f bestimmen lässt. Es gilt:

$$f'(1) = \frac{5}{4} \cdot \frac{9}{4} = \frac{45}{16}$$

Für den nächsten Punkt bei $t_2 = 2$ erhalten wir damit die Näherung:

$$f(2) = f(1) + f'(1) = \frac{9}{4} + \frac{45}{16} = \frac{81}{16}$$

Der nächste Punkt, der sich durch weiteres Wiederholen des Verfahrens ergeben würde, ist bereits so hoch, dass er außerhalb des Bereichs liegt, welchen wir im folgenden Schaubild darstellen können. Die Steigungen sind im Schaubild anhand der eingezeichneten grauen Linien dargestellt:

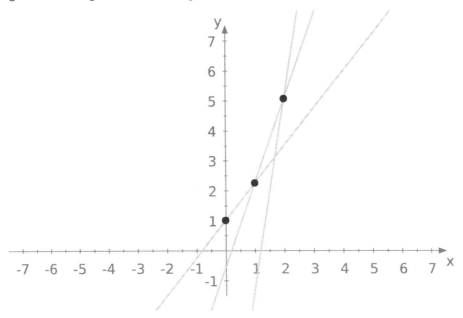

Führen wir die gleichen Schritte auch für die Stellen links von $t_0 = 0$ aus, dann erhalten wir auch dort Näherungswerte. Es ergibt sich das folgende Schaubild, in dem auch die exakte Lösung als rote Kurve eingezeichnet ist.

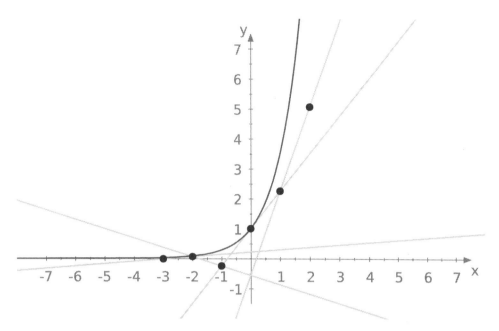

Wie man sieht, passen die berechneten Punkte nicht exakt auf die rote Kurve. Sie nähern diese aber grob an. Verwendet man eine kleinere Schrittweite, dann wird diese Annäherung deutlich genauer. Führen wir die obige Rechnung mit einer Schrittweite von 0.25 anstatt einer Schrittweite von 1, dann ergibt sich z.B. die folgende Annäherung:

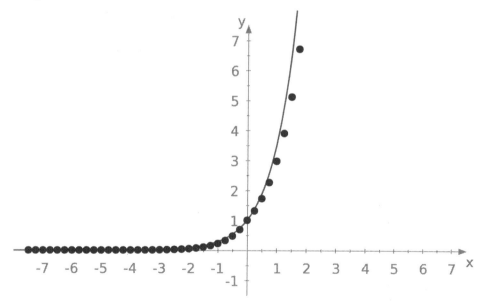

Das Resultat beim numerischen Lösen einer DGL ist also nicht ein Funktionsausdruck, sondern lediglich eine Reihe von x- und y-Werten, welche den Verlauf der exakten Lösung annähern. Wie genau z.B. die Schrittweite gewählt wird, hängt vom Algorithmus ab, der verwendet wird. In Matlab heißen diese Algorithmen in diesem Zusammenhang auch "Solver". Im Folgenden betrachten wir einen typischen solchen Algorithmus: Das Runge-Kutta-Verfahren.

12.2.1 Annäherung mit dem Runge-Kutta-Verfahren

Dieses bekannte und weit verbreitete Verfahren zum numerischen Lösen von Differentialgleichungen ist in Matlab im Befehl *ode45* implementiert. Um den Befehl *ode45* aufzurufen, brauchen wir im Normalfall 3 Parameter.

Der erste Parameter beschreibt die DGL. Der zweite Parameter gibt an, in welchem Bereich die Näherungswerte berechnet werden sollen und der dritte Parameter ist der Anfangswert bzw. ein Vektor von Anfangswerten bei Systemen von Differentialgleichungen.

Betrachten wir als Beispiel wieder die DGL:

$$f'(t) = 2 \cdot t \cdot f(t)$$

mit dem Anfangswert $f(0) = 5$.

Um die DGL im Intervall zwischen -2 und 2 anzunähern rufen wir den Befehl *ode45* wie folgt auf:

```
% Aufruf von ode45 mit grafischer Ausgabe
ode45(@dglExample, [-2 2], 5);
```

Wie man sieht wird das Intervall durch einen Vektor mit den Intervallgrenzen angegeben. Der erste und wichtigste Parameter ist, wie man anhand des @-Symbols erkennen kann, ein Function Handle, also ein Verweis auf die Matlab-Funktion mit dem Namen *dglExample*. Diese Matlab-Funktion muss die DGL beschreiben. Dabei muss die Differentialgleichung nach der Ableitung umgestellt sein.

Für unser Beispiel ließe sich diese Funktion wie folgt in der Datei *dglExample.m* implementieren:

```
function f1 = dglExample(t, f)
    f1 = 2*t*f;
end
```

In Zeile 2 steht dabei direkt die nach der Ableitung (hier als *f1* bezeichnet) umgestellte Differentialgleichung. Um sich klar zu machen, wie Matlab bei der numerischen Lösung tatsächlich vorgeht, sollte man sich auch über die beiden Eingabeparameter *t* und *f* Gedanken machen. Diese sind weder Vektoren, noch symbolische Ausdrücke. Stattdessen repräsentieren sie Zahlen, nämlich genau die x- und y-Werte einer Stelle in der angenäherten Funktion.

Die Funktion *dglExample* berechnet also nichts anderes als die Steigung der Näherung im Punkt $P(t|f)$. Diese berechnete Steigung wird zurückgegeben und vom Befehl *ode45* verwendet, um den nächsten Punkt der Näherung zu bestimmen. Intern ruft *ode45* also *dglExample* wiederholt auf, weshalb der entsprechende Function Handle als Parameter übergeben werden muss.

Nach dem Aufruf des Befehls *ode45* öffnet Matlab automatisch ein Schaubild mit der berechneten Näherung. Will man stattdessen die Werte selbst erhalten um mit diesen weiterzurechnen, dann muss man zwei zusätzliche Rückgabeparameter angeben:

```
% Aufruf von ode45 mit Rückgabewerten
[t, f] = ode45(@dglExample, [-2 2], 5);
```

Als Resultat erhält man dann als Variable *t* einen Vektor von *x*-Werten der Funktion und als Variable *f* einen Vektor mit den zugehörigen *y*-Werten. Diese kann man, falls gewünscht, auch manuell mit dem *plot*-Befehl nachträglich zeichnen.

Bemerkung: Die Schrittweite, welche von *ode45* gewählt wird, lässt sich nicht explizit kontrollieren. Der Befehl wählt diese automatisch und passt diese auch basierend auf den erhaltenen Näherungswerten an. Die Werte im Ergebnisvektor *t* sind daher nicht äquidistant, d.h. die Abstände ändern sich.

12.3 Numerische Lösung von DGL-Systemen

Systeme mehrerer Differentialgleichungen lassen sich ebenfalls numerisch mit dem Befehl *ode45* lösen.

Gegeben sei z.B. das folgende System:

$$\begin{aligned} f'(t) &= -5 \cdot f(t) + 4 \cdot g(t) \\ g'(t) &= 2 \cdot f(t) - 3 \cdot g(t) \end{aligned}$$

mit den Anfangswerten $f(0) = 7$ und $g(0) = -2$.

Das System ist bereits nach den Ableitungen umgestellt. Als Matlab-Funktion lassen sich diese Gleichungen dann wie folgt implementieren:

```
ydot = [0;0]
ydot(1) = -2*y(1) - y(2)
ydot(2) = 4*y(1) - y(2)
end
```

Die erste Zeile dieser Implementierung unterscheidet sich dabei bis auf die Benennung der Funktion und der Variablen nicht von der Implementierung für eine einzige DGL. Man muss sich aber bewusst machen, dass es zwei Funktionen *f* und *g* gibt, welche angenähert werden sollen. Der Parameter *y* ist deshalb keine Zahl mehr, sondern ein Vektor mit zwei Komponenten, der die Funktionswerte der Näherung von *f* und *g* enthält.

Existieren zwei Funktionswerte für zwei Funktionen, dann existieren entsprechend auch zwei Ableitungen. Die Variable *ydot*, welche am Ende der Funktion die Werte der beiden Steigungen enthalten soll, wird deshalb in Zeile 2 als Vektor definiert. In Zeile 3 − 4 befüllen wir diesen Vektor mit den aus der DGL berechneten Werten.

Auch hier ist es so, dass der Befehl *ode45* intern die Funktion *dglExampleSystem* wiederholt aufruft und anhand ihrer Rückgabe mit den darin enthaltenen beiden Steigungen die nächsten Näherungswerte berechnet.

Die numerische Lösung des DGL-Systems im Intervall zwischen −1 und 1 berechnet sich dann folgendermaßen:

```
% Aufruf
[t,y] = ode45(@dglExampleSystem, [-1 1], [7 -2]);
```

wobei der dritte Parameter ein Vektor mit den Anfangswerten ist.

Der Rückgabewert t ist weiterhin ein Vektor von x-Werten. Der Rückgabewert y ist nun aber eine Matrix mit zwei Spalten. In der ersten Spalte befinden sich, die zum Vektor t zugehörigen, Näherungswerte für die Funktion f und in der zweiten die Werte für die Funktion g.

Um das Resultat nachträglich zu zeichnen, könnte man dann z.B. die folgenden Aufrufe machen:

```
f = y(:,1);
plot(t, f);
hold('on')
g = y(:,2);
plot(t, g);
```

12.4 Numerische Lösung von DGL höherer Ordnung

Mit dem Befehl *ode45* lassen sich DGL erster Ordnung und System von DGL erster Ordnung numerisch lösen. D.h. es dürfen nur erste Ableitungen und keine höheren Ableitungen in den Gleichungen vorkommen.

Mit einem mathematischen Trick lassen sich Differentialgleichungen höherer Ordnung trotzdem mit dem Befehl *ode45* numerisch lösen. Jede DGL von Ordnung n lässt sich nämlich in ein System von Differentialgleichungen erster Ordnung umwandeln. Je höher die Ordnung der DGL, desto mehr Gleichungen hat das entsprechende System erster Ordnung.

Wir betrachten beispielhaft die folgende Differentialgleichung dritter Ordnung:

$$(1 + f^2(t))f'''(t) = f'(t) + t$$

welche wir im ersten Schritt nach der höchsten Ableitung auflösen:

$$f'''(t) = \frac{f'(t) + t}{1 + f^2(t)}$$

Da in einem System von DGL erster Ordnung, welches wir erzeugen wollen, nur erste Ableitungen enthalten darf, müssen wir die dritte Ableitung $f'''(t)$ durch einen anderen Term ersetzen. Wir führen dazu einfach eine neue Funktion $r_1(t)$ ein. Diese neue Funktion darf in Form ihrer ersten Ableitung vorkommen. Wir wählen den Zusammenhang zwischen $r_1(t)$ und $f'''(t)$ deshalb so, dass gilt:

$$r_1'(t) = f'''(t)$$

Daraus folgt durch Integration und Vertauschen der Seiten:

$$f''(t) = r_1(t)$$

Zusammen mit der ursprünglichen DGL erhalten wir damit folgendes System von Differentialgleichungen:

$$\begin{aligned} r_1'(t) &= \frac{f'(t) + t}{1 + f^2(t)} \\ f''(t) &= r_1(t) \end{aligned}$$

In der ersten Gleichung haben wir dabei $f'''(t)$ bereits durch $r_1'(t)$ ersetzt. Aus der DGL dritter Ordnung, von welcher wir ausgegangen waren, ist nun ein System mit zwei Differentialgleichungen entstanden. Die Ordnung wurde dabei von Ordnung 3 auf Ordnung 2 reduziert.

Um ein System erster Ordnung zu erhalten, wiederholen wir den obigen Schritt noch einmal. Dazu genügt es die zweite der beiden Gleichungen zu betrachten. Nur in dieser kommt noch eine Ableitung zweiter Ordnung vor.

Wir wählen erneut eine Ersatzfunktion, welche wir dieses Mal $r_2(t)$ nennen und stellen den Zusammenhang zu $f''(t)$ über die erste Ableitung von $r_2(t)$ her:

$$r_2'(t) = f''(t)$$

Wir integrieren diese Gleichung wieder und vertauschen die beiden Seiten. Es ergibt sich:

$$f'(t) = r_2(t)$$

Nun haben wir insgesamt drei Gleichungen. Es gilt:

$$\begin{aligned} r_1'(t) &= \frac{f'(t) + t}{1 + f^2(t)} \\ r_2'(t) &= r_1(t) \\ f'(t) &= r_2(t) \end{aligned}$$

In der zweiten Gleichung haben wir dabei $f''(t)$ bereits durch $r_2'(t)$ ersetzt.

Dies ist das gesuchte System erster Ordnung, welches wir mit Hilfe des Befehls *ode45* lösen können. Von den Rückgabewerten, welche *ode45* liefert, ist am Ende lediglich eine Spalte relevant, nämlich die Spalte, welche zur Funktion $f(t)$ gehört.

Um die Lösung zu berechnen, benötigen wir für unser Beispiel noch die Anfangswerte. Für diese seien die folgenden Werte gegeben:

$$f(0) = 1, \quad f'(0) = 4, \quad f''(0) = -2$$

Mit den Ersatzfunktionen r_1 und r_2 entspricht dies

$$f(0) = 1, \quad r_2'(0) = 4, \quad r_1(0) = -2$$

Der Aufruf von *ode45* für das Intervall zwischen $t = 0$ und $t = 10$ kann dann in der folgenden Form geschehen:

```
ode45(@dgl0rdnung3, [0 10], [1 4 -2]);
```

wobei der dritte Parameter die Anfangswerte enthält. Die Reihenfolge, in der die Anfangswerte angegeben werden, ist im Prinzip beliebig. Es ist aber wichtig, diese Reihenfolge auch bei der weiteren Implementierung und der Interpretation des Ergebnis beizubehalten.

In unserem Fall haben wir die Reihenfolge f, r_2 und dann r_1 gewählt. Die Matlab-Funktion zur Implementierung des Systems an DGL, könnte dann wie folgt aussehen, wobei y einen Vektor darstellt, welcher in der ersten Komponente den Wert für f, in der zweiten den Wert für r_2 und in der dritten Komponente den Wert für r_1 enthält:

```
function ydot = dgl0rdnung3(t, y)
    % y = [f; r2; r1]
    ydot=[0;0;0];
    ydot(1)=y(2);                        % entspricht f'=r2
    ydot(2)=y(3);                        % entspricht r2'=r1
    ydot(3)=(ydot(1)+t)/(1+y(1)^2);
end
```

Wie man sieht muss auch der Vektor der Ableitungen *ydot* in der gleichen Reihenfolge befüllt werden. Die Zeile 4 entspricht dabei der Gleichung $f'(t) = r_2(t)$ und die Zeile 5 der Gleichung $r_2'(t) = r_1(t)$. In Zeile 6 stellt die dritte Gleichung unseres Systems $r_1'(t) = \dfrac{f'(t) + t}{1 + f^2(t)}$ dar.

Als Ergebnis des Aufrufs von *ode45* mit der obigen Implementierung erhalten wir den folgenden Plot, in welchem die Funktion f in der blauen Sinus-ähnlichen Kurve dargestellt ist.

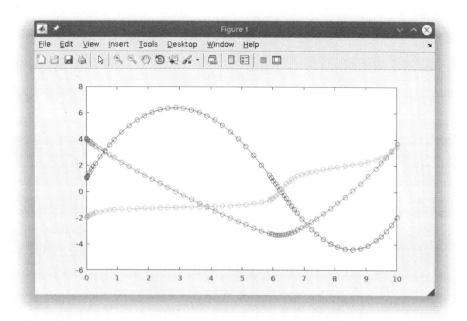

12.5 DGL mit der Laplace-Transformationen lösen

Die Laplace-Transformation ist eine Technik, welche aus einer Funktion $f(t)$ eine neue Funktion $F(s)$ berechnet. Wir sprechen dabei davon, dass die Funktion f im Zeitbereich liegt, da sie von t abhängt. Die Funktion F hingegen liegt im sogenannten Bildbereich. Sie hängt von einer neuen Variable s ab. Die Berechnungsvorschrift sieht dabei wie folgt aus:

$$F(s) = \int_0^\infty f(t)e^{-st}\, dt$$

Anstatt $F(s)$ schreiben wir oft auch $\mathscr{L}(f(t))$.

Betrachten wir ein erstes einfaches Beispiel für die Laplace-Transformation und berechnen diese für die Funktion $f(t) = 2$.

$$\begin{aligned}
F(s) &= \int_0^\infty 2e^{-st}\,dt \\
&= \left[2 \cdot \frac{1}{-s} e^{-st}\right]_0^\infty \\
&= 0 - \frac{2}{-s} \\
&= \frac{2}{s}
\end{aligned}$$

In Matlab gibt es für die Laplace-Transformation den Befehl *laplace*, welcher einen symbolischen Ausdruck entgegen nimmt. Die Funktion unseres Beispiels ist konstant, wir müssen die Konstante 2 aber noch in einen symbolischen Ausdruck umwandeln, damit dieser vom Befehl *laplace* akzeptiert wird:

```
f = sym(2);
laplace(f) % ergibt 2/s
```

In Zeile 1 erzeugen wir im obigen Quelltext das entsprechende Symbol und transformieren dieses in Zeile 2.

Die Berechnung des Integrals bei der Laplace-Transformation ist analytisch oft aufwendig. In der Praxis werden daher oft Formelsammlungen mit gebräuchlichen Transformationspaaren oder eben Computer-Programme genutzt. Dasselbe gilt für die inverse Laplace-Transformation, welche aus einer Bildfunktion $F(s)$ wieder die Zeitfunktion $f(t)$ berechnet. Im Allgemeinen versucht man hier die Funktion z.B. in Summanden zu Zerlegen und diese anhand einer Tabelle von Transformationspaaren zurück zu transformieren.

In Matlab berechnet man die Inverse Laplace-Transformation mit dem Befehl *ilaplace* (kurz für englisch: inverse laplace). Wenden wir diese auf das vorherige Ergebnis $\frac{2}{s}$ an, dann erhalten wir unsere Ausgangsfunktion $f(t) = 2$ zurück:

```
syms('s');
ilaplace(2/s) % ergbit 2
```

Der aufmerksame Leser fragt sich an dieser Stelle, was diese Laplace-Transformation nun mit dem Lösen von Differentialgleichungen zu tun hat. Die Idee ist es, die gesamte Differentialgleichung zu transformieren und dann im Bildraum zu lösen. Mathematisch lassen sich, aufgrund der Eigenschaften der Transformation, solche Lösungen sehr einfach und schnell berechnen.

Betrachten wir als Beispiel die folgende Differentialgleichung zweiter Ordnung:

$$f''(t) - 2 \cdot f'(t) - f(t) = 0$$

mit den Anfangswerten $f'(0) = 1$ und $f(0) = 1$.

Wenn wir die beiden Seiten der DGL transformieren, dann erhalten wir aufgrund der Linearität der Laplace-Transformation:

$$\begin{aligned}\mathscr{L}\left(f''(t)) - 2 \cdot f'(t)) - f(t)\right) &= \mathscr{L}(0) \\ \mathscr{L}(f''(t)) - 2 \cdot \mathscr{L}(f'(t)) - \mathscr{L}(f(t)) &= 0\end{aligned}$$

d.h. insbesondere, dass wir jeden Summanden getrennt transformieren können.

Die Laplace Transformation hat die Eigenschaft, dass sich die Transformation der Ableitung $f'(t)$ aus der Transformierten $F(s)$ von $f(t)$ berechnen lässt. Es gilt:

$$\mathscr{L}(f'(t)) = s \cdot F(s) - f(0)$$

Für die zweite Ableitung $f''(t)$ gilt entsprechend:

$$\mathscr{L}(f''(t)) = s^2 \cdot F(s) - s \cdot f(0) - f'(0)$$

Aus unserer transformierten DGL ergibt sich damit:

$$\begin{aligned}\mathscr{L}(f''(t)) - \mathscr{L}(f'(t)) - \mathscr{L}(f(t)) &= 0 \\ s^2 \cdot F(s) - s \cdot f(0) - f'(0) - 2 \cdot (s \cdot F(s) + f(0)) - F(s) &= 0\end{aligned}$$

In diese Gleichung können wir die bekannten Werte einsetzen und die Gleichung anschließend nach $F(s)$ auflösen:

$$\begin{aligned}s^2 \cdot F(s) - s \cdot 1 - 1 - 2 \cdot (s \cdot F(s) + 1) - F(s) &= 0 \\ s^2 \cdot F(s) - s - 1 - 2 \cdot s \cdot F(s) + 2 - F(s) &= 0 \\ s^2 \cdot F(s) - s + 1 - 2 \cdot s \cdot F(s) - F(s) &= 0 \\ s^2 \cdot F(s) - 2 \cdot s \cdot F(s) - F(s) &= s - 1 \\ F(s) \cdot \left(s^2 - 2 \cdot s - 1\right) &= s - 1 \\ F(s) &= \frac{s-1}{s^2 - 2s - 1}\end{aligned}$$

Damit haben wir die Bildfunktion $F(s)$ berechnet, welche zur Funktion $f(t)$ gehört, das die DGL löst. Diese Bildfunktion können wir anschließend mit der inversen Laplace-Transformation zurück transformieren, um $f(t)$ zu erhalten.

In Matlab können wir diese Schritte wie folgt durchführen. Zu Beginn definieren wir unsere Symbole und die DGL und transformieren die gesamte Gleichung mit dem Befehl *laplace*:

```
syms('f(t)', 's', 'F');
eqn = diff(f,t,2)-2*diff(f,t,1)-f==0;
L = laplace(eqn)
```

Die Ableitungen werden dabei durch *diff(f,t,n)* dargestellt, wobei n die entsprechende Ordnung ist. Wir erhalten den folgenden Ausdruck in der Variable *L*:

```
L = 2*f(0) - s*f(0) + s^2*laplace(f(t), t, s) - subs(diff(f(
    t), t), t, 0) - 2*s*laplace(f(t), t, s) - laplace(f(t), t
    , s) == 0
```

Dies entspricht genau unser Gleichung, welche wir vorhin berechnet haben, wobei

- *laplace(f(t), t, s)* für $F(s)$ steht

- *subs(diff(f(t), t), t, 0)* für $f'(0)$ steht

Nun setzen wir die Anfangswerte ein. Dazu benutzen wir den Befehl *subs*:

```
L = subs(L, f(0), 1);
L = subs(L, subs(diff(f(t), t), t, 0), 1)
```

In Zeile 1 ersetzen wir den $f(0)$ mit dem Wert 1 und in Zeile 2 setzen wir den Wert von $f'(0)$, der ebenfalls 1 beträgt, ein.

Der Ausdruck reduziert sich damit auf die Form:

```
s^2*laplace(f(t), t, s) - s - 2*s*laplace(f(t), t, s) -
    laplace(f(t), t, s) + 1 == 0
```

Um besser weiterrechnen zu können, ersetzen wir als nächstes den Ausdruck *laplace(f(t), t, s)* mit dem Symbol *F*:

```
L = subs(L, laplace(f(t), t, s), F)
```

Wir erhalten:

```
F*s^2 - s - 2*F*s - F + 1 == 0
```

Mit Hilfe des Befehls *solve* können wir diese Gleichung nach *F* auflösen und den resultierenden Ausdruck für *F* zurück transformieren.

```
solve(L, F)
f = ilaplace(ans)
```

Es ergibt sich somit die Lösung $f(t)$ mit

$$f(t) = e^t \cdot \cosh(\sqrt{2}t)$$

Zusammenfassung Laplace-Transformation

Um eine DGL mit Hilfe der Laplace-Transformation zu lösen, führen wir die folgenden Schritte in Matlab durch:

- Definition der Symbole, z.B.

```
syms('f(t)', 's', 'F');
```

- Transformation der Gleichung, z.B.

```
L = laplace(diff(f,t,1)+f==4)
```

- Einsetzen der Anfangswerte, z.B.

```
subs(L, f(0), 1)
```

- Ersetzen des Ausdrucks für die Bildfunktion

```
L = subs(L, laplace(f(t), t, s), F)
```

- Auflösen und zurück transformieren

```
solve(L, F)
f = ilaplace(ans)
```

Teil III

Eigene grafische Applikationen

Kapitel 13

Grafische Applikationen erstellen

Matlab unterstützt zwei unterschiedliche Art und Weisen, wie Applikationen mit grafischen Benutzeroberflächen erstellt werden können: GUIDE und App Designer. Mit beiden lassen sich mathematische Applikationen erstellen, die Funktionalitäten für Nutzer bereitstellen, welche mit den zugrundeliegenden Modellen und der Programmierung der Applikation nicht vertraut sind.

Ein einfaches Beispiel wäre eine Applikation für einen Bankberater. Eine Oberfläche könnte diesem erlauben, Kenndaten zu einem Kredit wie z.B. Kredithöhe und Laufzeit einzugeben und die Applikation berechnet anhand dieser Parameter die monatliche Kreditrate. Der Bankberater selbst muss dabei nicht mit Matlab vertraut sein.

Ob eine Applikation mit dem Werkzeug GUIDE oder App Designer erstellt wird, spielt im Prinzip keine Rolle. Beide Werkzeuge dienen dem gleichen Zweck. App Designer gilt aber als Nachfolger von GUIDE. Es ist das umfangreichere und modernere Tool. Allerdings ist es für den App Designer sinnvoll, wenn man schon etwas Erfahrung in objektorientierter Programmierung z.B. mit Java hat.

Applikationen mit grafischer Benutzeroberfläche sind momentan mit GNU Octave leider nicht möglich und es ist fraglich, ob und in welcher Form dies in Zukunft möglich sein wird.

13.1 GUI Development Environment (GUIDE)

GUIDE ist ein Matlab-Werkzeug mit welchem man ein eigenes Applikations-Fenster gestalten kann. GUIDE steht dabei kurz für die englischen Begriffe _G_raphical _U_ser _I_nterface _D_evelopment _E_nvironment.

Zum Starten von GUIDE gibt man im Command Window den Befehl _guide_ ein. Es öffnet sich dann zunächst ein Auswahldialog, in dem man existierende Applikationen laden oder neue Erstellen kann. Matlab bietet vier Vorlagen für neue Applikationen an. Im Normalfall wählen wir eine leere Vorlage. Es öffnet sich danach das folgende Fenster mit dem grafischen Editor:

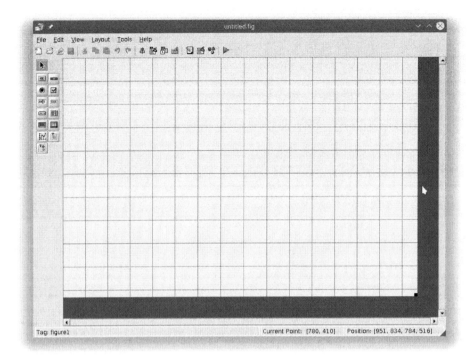

Auf der linken Seite befinden sich interaktive Elemente wie Schaltknöpfe (engl. Buttons), Textfelder oder Platzhalter für Diagramme. Diese Elemente können mit der Maus auf die freie Fensterfläche gezogen werden. Die Größe der freien Fläche lässt sich ebenfalls anpassen. Dafür zieht man am kleinen, schwarzen Quadrat am rechten, unteren Ende der Freifläche.

Tipp: Über *File > Preferences > Show names in component pallette* lassen sich die Namen der Oberflächen-Elemente anzeigen. Dadurch lassen sich diese schneller erkennen und einfacher benutzen.

Beispiel

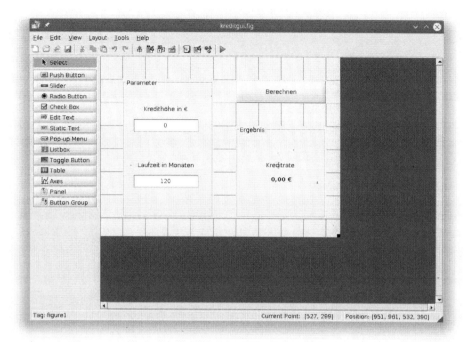

Im obigen Beispiel haben wir ein Fenster für eine Applikation zur Berechnung der Kreditrate eines Kredits erstellt. Die Elemente wurden dabei mit den entsprechenden Texten versehen. Um ein Element zu bearbeiten, müssen seine Eigenschaften im sogenannten "Property Inspector" angepasst werden. Diesen Inspector öffnet man am einfachsten, indem man auf das Element mit der Maus doppelt klickt.

Jede Art von Element hat verschiedene Eigenschaften. Diese reichen vom dargestellten Text (meist String genannt) bis hin zur Hintergrundfarbe. Änderungen im Inspector werden automatisch in die Vorschau-Ansicht des Fensters übernommen.

Im Bild des Inspectors oben haben wir die String-Eigenschaft eines Textfelds angepasst und als Text den Begriff "Kredithöhe" angegeben. Nachdem man alle Elemente im Fenster platziert hat, kann man die Applikation über den grünen Abspielknopf in der Symbolleiste starten. Es öffnet sich dann zwar das entsprechende Fenster, selbstverständlich ist dieses aber noch ohne jegliche Funktion. D.h. es passiert nichts, wenn man z.B. auf den Knopf "Berechnen" klickt.

Hinweis: Alternativ zum grünen Abspielknopf kann man eine Applikation auch über das Command Window starten. Dazu gibt man einfach den Dateinamen an, unter welcher sie gespeichert wurde.

13.1.1 Fenster-Initialisierung und Callback-Funktionen

Matlab speichert jedes GUIDE-Fenster als Datei mit Endung *.fig*. Zusätzlich wird aber auch noch eine Datei mit Endung *.m* angelegt. Diese *.m*-Datei enthält Matlab-Quellcode, welcher beim Ausführen der Applikation verwendet wird. Um die Applikation mit eigener Funktionalität zu ergänzen, passen wir die *.m*-Datei nachträglich an.

Im ersten Schritt versuchen wir aber zunächst, den von Matlab automatisch erzeugten Quelltext für das Fenster zu verstehen. Dieser Quelltext besteht aus zwei Teilen. Im ersten Teil finden wir eine Matlab-Funktion zur Initialisierung des Fensters. Diese Funktion enthält sehr viele Kommentare. Ohne Kommentare bleiben die folgenden 16 Quelltext-Zeilen:

```
1  function varargout = kreditgui(varargin)
2    gui_Singleton = 1;
3    gui_State = struct('gui_Name',       mfilename, ...
4                      'gui_Singleton',  gui_Singleton, ...
5                      'gui_OpeningFcn', @kreditgui_OpeningFcn, ...
6                      'gui_OutputFcn',  @kredigtui_OutputFcn, ...
7                      'gui_LayoutFcn',  [] , ...
8                      'gui_Callback',   []);
9    if nargin && ischar(varargin{1})
10       gui_State.gui_Callback = str2func(varargin{1});
11   end
12   if nargout
13       [varargout{1:nargout}] = gui_mainfcn(gui_State, varargin{:});
14   else
15       gui_mainfcn(gui_State, varargin{:});
16   end
```

Wir wollen an dieser Stelle nicht jede einzelne Zeile ausführlich erklären, aber grob legt dieser Quelltext das Folgende fest.

1. Das Fenster kann nicht zweimal gleichzeitig geöffnet werden (Zeile 2)

2. Nach dem Öffnen des Fensters sollen zwei weitere sogenannte Callback-Funktionen aufgerufen werden. Diese Callbacks besprechen wir im Folgenden noch ausführlicher (Zeile 3 − 8)

3. Wird das Fenster über das Command Window mit Eingabe oder Ausgabe-Parametern aufgerufen, dann sollen diese verarbeitet werden (Zeile 9 – 16)

Der zweite Teil der automatisch erzeugten *.m*-Datei enthält eine Reihe von Funktionen, welche auch Callback-Funktionen genannt werden. Diese Funktionen werden dann aufgerufen, wenn etwas im grafischen Fenster passiert. Das Fenster ruft die Funktion dann sozusagen automatisch zurück bzw. auf, deshalb englisch Callback, was soviel wie "zurückrufen" bedeutet.

Standardmäßig existieren zwei Callback-Funktionen. Diese heißen so wie der Dateiname der Applikation mit einem eingehängten *_OpeningFcn* bzw. *_OutputFcn*. Ohne Kommentare bleiben die folgenden 7 Quelltext-Zeilen:

```
1  function kreditgui_OpeningFcn(hObject, eventdata, handles,
       varargin)
2    handles.output = hObject;
3    guidata(hObject, handles);
4    % uiwait(handles.figure1);
5
6  function varargout = kreditgui_OutputFcn(hObject, eventdata,
       handles)
7    varargout{1} = handles.output;
```

Die Funktion *OpeningFcn* wird dabei stets beim Öffnen des Applikations-Fensters aufgerufen. Sie hat vier Parameter. Die ersten drei Parameter sind dabei typisch für eine Callback-Funktion:

- *hObject* enthält dabei Informationen über das "Objekt", um das es gerade geht. Beim Öffnen geht es um das Fenster selbst. Bei anderen Callback-Funktionen, z.B. wenn man auf einen Knopfdruck reagiert, würde *hObject* auf den jeweiligen Schaltknopf verweisen.

- *eventData* enthält Zusatzinformationen zum zugehörigen Ereignis.

- *handles* enthält eine Struktur aller Eigenschaften des Applikationsfensters. Insbesondere enthält *handles* auch Verweise auf alle im Fenster enthaltenen Elemente.

Die *OpeningFcn* oben besteht aus drei Zeilen. Die ersten beiden legen eine neue Variable in der Struktur *handles* an und aktualisieren die Oberfläche entsprechend. Die dritte, auskommentierte Zeile, kann verwendet werden, wenn Matlab auf das Fenster warten und erst dann eine Ausgabe im Command Window erzeugen soll, wenn das Fenster geschlossen wird.

Die Callback-Funktion *OutputFcn* erzeugt eine Rückgabe. Im Quelltext oben, entspricht diese Rückgabe genau der Referenz *hObject*, welche in der *OpeningFcn* in die Variable *handles.output* geschrieben wurde. Diese Rückgabe wird nur angezeigt, wenn die Applikation über das Command Window gestartet wurde und beim Aufruf eine Rückgabe-Variable angegeben wurde.

Bemerkung: Keine Funktion in der *.m*-Datei wird wie sonst üblich mit dem Schlüsselwort *end* abgeschlossen. Matlab beendet dann eine Funktion automatisch, wenn im Quelltext eine neue Funktion beginnt.

13.1.2 Callback-Funktionen erstellen

Für jedes Element lassen sich eigene Callback-Funktionen definieren. Um diese zu erstellen oder anzupassen klickt man am einfachsten mit der rechten Maustaste auf ein Element und wählt "View Callbacks" aus. Es öffnet sich dann eine Liste mit verfügbaren Callback-Funktionen für dieses Element. Ein Schaltknopf hat z.B. Callback-Funktionen für den Knopfdruck selbst, aber auch für das Erstellen und Löschen des Elements.

Damit man bei der Zuordnung von Callback-Funktionen zu den einzelnen Fenster-Elementen nicht durcheinander kommt, sollte man alle Fenster-Elemente sinnvoll benennen. Dazu kann man im Inspector die Eigenschaft "Tag" ändern. Diese enthält den Namen des Elements, der intern verwendet werden soll. Der Name der Callback-Funktion basiert stets auf dem Namen des Elements und einem mit einem Unterstrich angehängten Zusatz.

Für unser Beispiel, einer Applikation zur Kreditberechnung, haben wir die Elemente wie folgt benannt:

- Tag für Eingabefeld "Kredithöhe": *editAmount*
- Tag für Eingabefeld "Laufzeit": *editDuration*
- Tag für Ausgabefeld "Kreditrate": *textMonthlyPayment*
- Tag für Schaltknopf "Berechnen": *btnCompute*

Wir benötigen im Prinzip nur eine Callback-Funktion, welche aufgerufen werden soll, wenn der Nutzer auf den Knopf "Berechnen" klickt. Diese Callback-Funktion könnte wie folgt implementiert werden:

```
function btnCompute_Callback(hObject, eventdata, handles)
    amountText = get(handles.editAmount, 'String')
    amount = str2num(amountText)
    durationText = get(handles.editDuration, 'String')
    duration = str2num(durationText)
    monthlyPayment = ComputePayment(amount, duration);
    resultText = strcat(num2str(monthlyPayment), ' Euro');
    set(handles.textMonthlyPayment, 'String', resultText);
```

Die Callback-Funktion hat wieder 3 Parameter: *hObject*, *eventData* und *handles*. Da wir nach dem Klick verschiedene andere Fenster-Elemente auslesen und verändern möchten, benötigen wir von diesen Parametern nur die Variable *handles*.

In Zeile 2 lesen wir mit Hilfe des Befehls *get* den Inhalt des Eingabefelds *editAmount* aus. Dazu benutzen wir die Struktur *handles*, welche Verweise/Referenzen auf alle Fenster-Elemente enthält. Der Befehl *get* kann alle Eigenschaften eines Elements auslesen. In unserem Fall lesen wir die Eigenschaft 'String', welche den Text enthält aus.

In Zeile 3 wandeln wir anschließend den Text in eine Zahl um, denn nur so können wir mit dem Wert weiterrechnen. In Zeile 4 – 5 wiederholen wir diese Befehle für das Eingabefeld *editDuration*. Anschließend können wir in Zeile 6 die monatliche Rate berechnen. Dazu rufen wir eine Funktion *ComputePayment* auf, welche in einer anderen Matlab-Datei existieren sollte. Wie diese Funktion gestaltet wird, hängt von der Applikation ab. In unserem Fall würde eine solche Funktion von den Konditionen der Bank abhängen, für welche der Bankberater, der die Applikation nutzen soll, arbeitet.

In Zeile 7 wandeln wir das Resultat in einen Ergebnis-Text um, indem wir die Zahl mit dem Befehl *num2str* in einen Text umwandeln und zusätzlich noch den Text 'Euro' anhängen. Schließlich setzen wir diesen Wert mit *set* in das Textfeld *textMonthlyPayment* ein. Der Befehl *set* funktioniert wie der Befehl *get*, nimmt aber als weiteren Parameter den Wert entgegen, der eingesetzt werden soll.

Starten wir nun die Applikation und geben eine Kredithöhe und eine Laufzeit an, dann erscheint nach dem Klick auf "Berechnen" die zugehörige monatliche Kreditrate.

Zusammenfassung: Callback-Funktionen

Eine Callback-Funktion wird automatisch aufgerufen, wenn ein Ereignis z.B. ein Klick im Applikationsfenster auftritt. Um eine Callback-Funktion zu erstellen oder anzupassen, wählt man ein Element mit der rechten Maustaste aus und klickt auf "View Callbacks". Matlab erstellt dann eine Funktion oder springt zu einer Funktion, deren Name sich aus dem Tag des Elements und einem Zusatz zusammensetzt.

Die gebräuchlichsten Callback-Funktionen für Elemente haben die Zusätze:

- _Callback: Standard-Callback
- _CreateFcn: Callback beim Erstellen des Elements
- _DeleteFcn: Callback beim Löschen des Elements
- _ButtonDownFcn: Callback bei Mausklick
- _KeyPressFcn: Callback bei Tastendruck

Der Standard-Callback wird bei Buttons nach einem Klick bei Textfeldern nach einer Änderung aufgerufen. Die anderen Callbacks bei einem entsprechenden Ereignis auf diesem Element.

Mit dem ButtonDownFcn-Callback kann man insbesondere auf Mausklicks reagieren, womit sich interaktive Grafiken erstellen lassen, welche sich verändern, wenn der Nutzer Aktionen mit der Maus durchführt.

Der ButtonDownFcn- und KeyPress-Callback bekommen über den Parameter *eventdata* Informationen über die Position eines Klicks oder die gedrückte Taste auf der Tastatur.

13.1.3 Plots in Callback-Funktionen erstellen

Fenster, welche mit GUIDE erstellt wurden, können auch Diagramme enthalten. In Matlab heißen diese Elemente "Axes", weil sie Diagrammachsen haben. Um Plots in diesen Elementen darzustellen, geben wir beim Aufruf des Befehls *plot* als ersten Parameter den zugehörigen Verweis an.

Hat ein Axes-Element z.B. den Tag *axes1*, dann lässt sich in einer Callback-Funktion für einen Schaltknopf mit dem Tag *btn1* ein Plot mit folgendem Quelltext erstellen.

Beispiel

```
function btn1_Callback(hObject, eventdata, handles)
    x = 0:0.01:2*pi;
    y = sin(x);
    plot(handles.axes1, x, y, 'r-');
```

Bis auf den ersten Parameter ändert sich gegenüber den sonstigen Parametern, welche wir vom Befehl *plot* kennen, nichts.

13.1.4 Callback-Funktionen für Maus-Ereignisse

In manchen Fällen ist es nützlich auf Maus-Ereignisse zu reagieren, welche nicht durch einen Klick auf einen Schaltknopf ausgelöst wurden. Z.B. wenn man einen Punkt in einem Schaubild markieren möchte.

Matlab bietet hierfür die Callback-Funktion mit dem Zusatz *_ButtonDownFcn*. Diese können wir z.B. für ein "Axes"-Objekt erstellen. Tritt dann ein Maus-Klick auf, dann enthält der Parameter *eventData* der Callback-Funktion eine Struktur, welche z.B. folgendermaßen aussieht:

```
Button: 1
IntersectionPoint: [0.2189 0.6693 0]
Source: [1x1 Axes]
EventName: 'Hit'
```

d.h. *eventdata* enthält eine Eigenschaft "Button", welche die Nummer des Mausknopfs angibt (1=linke Maustaste, 2=mittlere Maustate/Mausrad, 3=rechte Maustaste). Die Eigenschaft "IntersectionPoint" gibt die Koordinaten im Plot an, an welchen der Klick aufgetreten ist. Im Quelltext können wir diese Koordinaten dann weiter verarbeiten und z.B. an dieser Stelle etwas einzeichnen.

13.2 App Designer

Der App Designer ist Matlabs neuer Ansatz zur Erstellung grafischer Applikationen. Gegenüber GUIDE hat er verschiedene Vorteile. So existieren z.B. mehr Arten an Oberflächen-Elementen und die Oberfläche blockiert bei aufwändigen Berechnungen im Gegensatz zu GUIDE nicht mehr. Einige Funktionen lassen sich aber aktuell im

App Designer noch nicht so gut abbilden. Dazu gehört z.B. dass es nicht möglich ist auf Maus-Klicks bei Schaubildern zu reagieren, was mit der Alternative GUIDE problemlos möglich ist.

Eine neue App erstellt man durch Auswahl von *Home > New > App* in der Matlab Symbolleiste. Es öffnet sich dann der App Designer in einem neuen Fenster. Fenster-Elemente wie z.B. Schaltknöpfe, Textfelder etc. lassen sich dann aus der sogenannten "Component Library" links auf die Freifläche der Mitte ziehen.

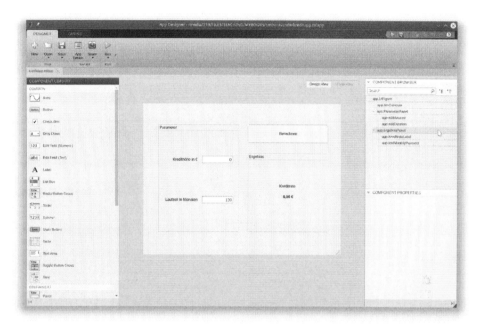

Die Namen und Eigenschaften der Elemente lassen sich im rechten Bereich des App Designers ändern. Diese ist in zwei Abschnitte unterteilt: den Abschnitt "Component Browser" und den Abschnitt "Component Properties". Unter "Component Properties" lassen sich Texte, Titel und Beschriftungen und andere Eigenschaften verändern. Der "Component Browser" zeigt die Hierarchie der Fenster-Elemente. Durch Rechtsklick lassen sich dort die Namen der Elemente festlegen. Matlab versucht die Namen automatisch basierend auf den, in den Eigenschaften festgelegten Texten, Titeln etc. zu wählen. Diese beginnen dabei immer mit Präfix *app.*.

App Designer erzeugt im Hintergrund den zugehörigen objektorientierten Quelltext und speichert anstatt zweier separater *.m*- und *.fig*-Dateien, die Applikation in einer einzigen Datei mit Endung *.mlapp* ab. Hat ein Nutzer Matlab, dann genügt es, ihm diese *.mlapp*-Datei zu schicken. Ein Doppelklick auf die Datei öffnet die zugehörige Applikation.

Der App Designer hat im Hauptbereich in der Mitte zwei verschiedene Ansichten auf die Applikation. Der "Design View", welcher zu Beginn geöffnet ist, zeigt eine Vorschau des Fensters an und erlaubt es Fenster-Elemente hinzuzufügen. Der "Code View" zeigt Quelltext der Applikation an.

Der grundlegende Aufbau des Quelltexts einer App Designer Applikation sieht dabei wie folgt aus. Wobei der Code-Editor des App Designers den Programmierer automatisch generierte Quelltextzeilen nicht verändern lässt. Diese entsprechenden Zeilen erscheinen im Editor grau hinterlegt.

```
1   classdef kreditapp < matlab.apps.AppBase
2
3       % Properties that correspond to app components
4       properties (Access = public)
5           UIFigure                    matlab.ui.Figure
6           ...
7       end
8
9       % private methods
10      methods (Access = private)
11          % Create UIFigure and components
12          function createComponents(app)
13              % Create UIFigure
14              app.UIFigure = uifigure;
15              app.UIFigure.Position = [100 100 640 480];
16              app.UIFigure.Name = 'UI Figure';
17              ...
18          end
19      end
20
21      % public methods
22      methods (Access = public)
23          function app = kreditapp
24              createComponents(app)
25              registerApp(app, app.UIFigure)
26              if nargout == 0
27                  clear app
28              end
29          end
30          function delete(app)
31              delete(app.UIFigure)
32          end
33      end
34  end
```

In Zeile 1 beginnt die Applikation mit der Definition einer neuen Klasse. Wie man sieht, unterscheidet sich die Syntax deutlich von der Syntax von Programmiersprachen wie Java oder C++. Man kann aber leicht den Zusammenhang zu diesen herstellen.

Die neue Klasse scheint von einer Basis-Klasse mit dem Namen *matlab.apps.Appbase* abgeleitet zu sein, welche die Grundfunktionalität eines Applikationsfensters implementiert. Im inneren der Klasse befinden sich drei große Blöcke:

- der Properties-Block mit öffentlichen Variablen für die Fenster-Elemente
- die privaten Methoden/Funktionen

- die öffentlichen Funktionen

Im Vergleich zu Java haben diese Blöcke z.B. den Vorteil, dass man nicht bei jeder einzelnen Variable angeben muss, ob sie *public* oder *private* ist. Stattdessen werden alle privaten Methoden oder Variablen in einem Block zusammengefasst und alle öffentlichen in einem anderen Block.

Der Properties-Block enthält automatisch Variablen für alle in der Oberfläche vorkommenden Fenster-Elemente und, wie in Zeile 5 ersichtlich, eine Variable für das Fenster selbst.

Der Block für die privaten Funktionen enthält zu Beginn ausschließlich die Funktion *createComponents*, welche die Fenster-Elemente erzeugt und ihre Eigenschaften setzt (z.B. ihre Position im Fenster). Hier finden sich auch alle Angaben wieder, welche man unter "Component Properties" festgelegt hat.

Im Block für die öffentlichen Funktionen befindet sich die Funktion *app*, über welche die Applikation gestartet wird. Diese ruft die Funktion *createComponents* auf, registriert die Applikation im Betriebssystem und verarbeitet eventuelle Start-Parameter. Die Funktion *delete* in diesem Block wird aufgerufen, wenn das Fenster geschlossen wird.

13.2.1 Auf Ereignisse reagieren

Nach dem Starten der Applikation und dem Öffnen des zugehörigen Fensters passiert zunächst nichts. Die Applikation wartet anschließend auf Ereignisse, welche durch den Nutzer ausgelöst werden: z.B. ein Klick auf einen Schaltknopf. Für jedes Ereignis lässt sich eine Funktion festlegen, welche dann ausgeführt werden soll. Diese Funktionen, die auf Ereignisse reagieren, werden in Matlab als "Callbacks" bezeichnet.

Als Beispiel betrachten wir eine, im vorherigen Screenshot bereits dargestellte, Applikation zur Berechnung der Kreditrate. Diese soll, die vom Nutzer eingegeben, Werte für die Kredithöhe und die Laufzeit entgegennehmen und beim Klick auf den Knopf "Berechnen" die entsprechende Kreditrate ausgeben.

Um eine Callback-Funktion für den Schaltknopf "Berechnen" klicken wir z.B. mit der rechten Maustaste auf diesen und wählen den Menüpunkt "Callbacks" aus. Dort wählen wir "Add ButtonPushedFcn callback". Matlab wechselt daraufhin automatisch in die "Code View" Ansicht und erzeugt die Callback-Funktion im Block für private Methoden. Diese Funktion enthält den Namen des gedrückten Knopfs. Für den Fall, dass der Knopf den Namen *app.btnCompute* besitzt, wir der folgende Quelltext erstellt:

```
1  function btnComputeButtonPushed(app, event)
2      % insert implementation here
3  end
```

Der Parameter *app* enthält eine Referenz auf die Applikationsinstanz. Über diesen Parameter lässt sich z.B. auf alle Fenster-Elemente zugreifen. Die Variable *event* enthält Zusatzinformationen zum aufgetretenen Ereignis.

Der Code-Editor der App Designers lässt den Programmierer das innere der Funktion bearbeiten. In unserem Fall, wollen wir die Nutzereingaben einlesen und eine Berechnung durchführen. Dies könnte z.B. auf die folgende Art und Weise geschehen:

```matlab
function btnComputeButtonPushed(app, event)
    amount = app.editAmount.Value;
    duration = app.editDuration.Value;
    monthlyPayment = ComputePayment(amount, duration);
    app.textMonthlyPayment.Text = strcat(num2str(
        monthlyPayment), " Euro");
end
```

In Zeile 2 – 3 lesen wir den Inhalt der beiden Textfelder *editAmount* und *editDuration* aus. App Designer kennt numerische Textfelder, so dass *app.editAmout.Value* direkt eine Zahl und nicht etwa einen Text liefert. In Zeile 4 berechnen wir die Kreditrate. Dazu rufen wir eine bereits anderswo existierende Funktion *ComputePayment* auf. Schließlich aktualisieren wir den angezeigten Wert des Element *textMonthlzPayment*, wobei wir die berechnete Zahl in einen String konvertieren und den Zusatz "Euro" hinzufügen.

In einer Callback-Funktion kann auch ein Plot gezeichnet oder aktualisiert werden. Dazu übergibt man der Plot-Funktion die Variable des entsprechenden Axes-Elements.

Beispiel

```matlab
function btnComputeButtonPushed(app, event)
    x = 0:0.1:2*pi
    y = sin(x);
    plot(app.axesMainPlot, x, y);
end
```

In Zeile 2 – 3 definieren wir hierbei die anzuzeigenden Datenwerte und zeichnen diese mit dem Befehl *plot* in Zeile 4. Dabei übergeben wir als ersten Parameter das Axes-Element, welches in diesem Fall den Namen *axesMainPlot* trägt.

13.2.2 Eigene Properties und Funktionen

In vielen Fällen soll eine Applikation nicht nur Callback-Funktionen enthalten. Um den Quelltext gut zu strukturieren, sind zusätzliche Funktionen notwendig, welche bestimmte Berechnungen vornehmen oder etwa kleine Algorithmen implementieren. Weiterhin sind es Programmierer gewöhnt, Zwischenergebnisse in Member-Variablen der Klasse abzuspeichern.

Um solche Variablen und Funktionen zu erzeugen, wechselt man in die "Code View" Ansicht und wählt links unter "Code Browser" den Begriff "Properties" bzw. "Functions" aus. Über das Plus-Symbol lassen sich neue Variablen und Funktionen erstellen. Matlab erzeugt dann Code-Abschnitte, welche sich komplett frei bearbeiten lassen. So ließe sich z.B. der folgende Quelltext erzeugen:

```matlab
properties (Access = private)
    X = 0:0.1:5;
```

```
3  end
4
5  methods (Access = private)
6      function y = myPlotFunc(app, x)
7          y = sin(x);
8      end
9  end
```

Die Zeilen 1 – 3 enthalten einen Block für eigene Member-Variablen/Properties. In diesem Fall definieren wir eine Variable X, welche Werte zwischen 0 und 5 enthält. Die Zeilen 5 – 9 enthalten einen Block für eigene Funktionen. Hier enthält dieser eine Funktion mit dem Namen *myPlotFunc*, welche basierend auf x-Werten die entsprechenden Funktionswerte von $\sin(x)$ zurückgibt.

Achtung: Eigene Funktionen müssen als ersten Parameter immer die Variable *app*, die Referenz auf das Applikationsfenster, haben. Beim Aufruf der Funktion muss dieser Parameter aber NICHT angegeben werden. Um die obigen Definition zu verwenden, könnten wir z.B. einen Callback wie folgt anpassen:

```
1  function btnComputeButtonPushed(app, event)
2      plot(app.axesMainPlot, app.X, app.myPlotFunc(app.X));
3  end
```

Wie man sieht, erfolgt der Zugriff auf die Variable und die Funktion dann stets über die Applikationsinstanz in der Variable *app*.

Anhang A

Appendix

A.1 Fortgeschrittene Datenstrukturen

Neben Vektoren und Matrizen hat Matlab noch zwei weitere Formen um Daten zusammenzufassen: Strukturen (auf englisch kurz: structs) und Cell Arrays. Beide Formen können heterogene Daten abspeichern. D.h. sie können z.B. gleichzeitig Zahlen und Texte enthalten.

A.1.1 Cell Arrays

Ein Cell Array ähnelt dabei einer Matrix. Es besteht aus Zeilen und Spalten und kann auch wie eine Matrix indiziert werden. Zum Festlegen der Wert benutzt man allerdings nicht die eckigen, sondern die geschweiften Klammern.

Beispiel

```
c = {1 2 3; 'one' 'two' 'three'}
c11 = c(1,1);
c23 = c(2,3);
firstrow = c(1,:); % erste Zeile
```

Im Beispiel erzeugen wir ein Cell Array mit 2 Zeilen und 3 Spalten. Die erste Zeile enthält die Werte $1, 2, 3$, die zweite Zeile die Texte "one", "two", three". Über die runden Klammern kann man, wie in den Zeilen $2 - 4$ ersichtlich auf Elemente des Cell Arrays zugreifen. Die Rückgabe ist dabei stets wieder eine Zelle oder ein Cell-Array und nicht die Zahl oder der Text selbst.

Indiziert man stattdessen mit geschweiften Klammern, dann greift man direkt auf die Daten in den Zellen zu. Achten Sie bei den folgenden Beispielen auf die Art der Klammerung.

Beispiele

```
c{1,1}*5 % erzeugt 25
```

```
2  c(1,1)*5 % Operation Zelle * Zahl nicht möglich
3  c{1,1}=5; % schreibe die Zahl 5 in die erste Zelle
4  c(1,1)={5}; % schreibe die Zelle {5} an die erste Stelle
```

Ein Cell Array kann auch mehr als 2 Dimensionen haben. Für dreidimensionale Arrays braucht man dann z.B. drei Indices: Einen Index für die Zeile, einen Index für die Spalte und einen Index für Tiefe.

A.1.2 Strukturen

Eine Struktur speichert Informationen basierend auf einem Schlüssel oder Namen. D.h. auf Daten wir nicht mehr über einen Index, wie bei Vektoren oder Matrizen zugegriffen, sondern über einen eindeutigen Text. Man spricht in diesem Zusammenhang allgemein auch von Schlüssel-Werte-Paaren. In Java entspricht eine Struktur in etwa einem beliebig nachträglich anpassbaren Objekt.

Um eine Struktur zu erstellen, ruft man den Befehl *struct* auf. Anschließend kann man in der Struktur seine Daten hinter einem Schlüssel hinterlegen.

Beispiel

```
1  s = struct();
2  s.name = 'Seemann';
3  s.affiliation = 'HFU';
4  s.height = 1.79;
```

Im Beispiel hinterlegen wir unter dem Schlüssel "name" den Wert "Seemann", unter dem Schlüssel "affiliation" den Wert "HFU" und unter dem Schlüssel "height" die Zahl 1.79. Die Daten können natürlich nicht nur geschrieben, sondern auch wieder aus der Struktur ausgelesen werden.

Beispiel

```
1  bmi = s.weight/s.height^2
```

Es lassen sich auch ganze Listen von Strukturen in Matlab erzeugen. Dazu geben wir einen Index in Klammern an. Matlab erweitert daraufhin die Struktur automatisch zu einer Liste von Strukturen. Wie bei Cell Arrays lassen sich sogar mehrdimensionale Strukturen erstellen, wenn man mehrere Indices verwendet.

Beispiel

```
1  people = struct();
2  people(1).lastname = 'Herrmann';
3  people(2).lastname = 'Schmidt';
4  cities = struct();
5  cities(1,1).name = 'New York';
6  cities(1,2).name = 'Washington DC';
7  cities(2,3).name = 'Portland';
```

Anhang B

Befehlsübersicht

B.1 Zahlenreihen, Vektoren, Matrizen und Indizierung

```
1  numbers1 = 10:20; % Zeilenvektor aller Zahlen von 10 bis 20
2  numbers2 = 0:0.1:1; % Zeilenvektor von Zahlen zwischen 0 und
      1 mit Abstand 0.1
3  v1 = [1 2 3]; Zeilenvektor
4  v2 = [1; 2; 3]; % Spaltenvektor
5  m = [1 2 3; 4 5 6] % Matrix mit 2 Zeilen und 3 Spalten
6  v1(2) % Wert der zweiten Komponenten des Vektors v1
7  M(2,3) % Wert des Matrixelements in Zeile 2, Spalte 3
8  M(2,1:end) % Zweite Zeile der Matrix M
9  M(1:end, 3) % Dritte Spalte der Matrix M
10 M(2,:) % äquivalent zu M(2, 1:end)
11 M(:, 3) % äquivalent zu M(1:end, 3)
```

B.2 Operatoren

```
1  a = 2^4; % 2 hoch 4
2  v1 = [1;2;3].^4; % komponentenweises Potenzieren
3  v2 = [1;2;3].*[4;5;6] % komponentenweises Multiplizieren
4  v3 = [1;2;3]'; % Operator ' macht aus einem Spaltenvektor
      einen Zeilenvektor
5  v4 = [1 2 3]'; % Operator ' macht aus einem Zeilenvektor
      einen Spaltenvektor
6  x = A\b; % Linksdivision
```

B.3 Konstanten

```
1  pi % 3.141589...
2  exp(1) % 2.71812...
```

B.4 Befehle für Zahlen

```
1  sqrt(num) % Wurzel aus num
2  2^(1/3) % Dritte Wurzel aus num
3  log(num) % Logarithmus zur Basis e
4  log2(num) % Logarithmus zur Basis 2
5  log10(num) % Logarithmus zur Basis 2
6  exp(num) % e hoch num
7  sin(num), cos(num), tan(num) % Sinus, Kosinus, Tangens im
      Bogenmaß
8  sind(num), cosd(num), tand(num) % Sinus, Kosinus, Tangens im
      Gradmaß
9  asin(num), acos(num), atan(num) % Arkus-Sinus, -Kosinus, -
      Tangens im Bogenmaß
10 asind(num), acosd(num), atand(num) % Arkus-Sinus, -Kosinus,
      -Tangens im Gradmaß
```

B.5 Befehle für Vektoren

```
1  dot(a,b); % Skalarprodukt der Spaltenvektoren a und b, ä
      quivalent zu b'*a
2  cross(a,b); % Kreuzprodukt von a und b
3  norm(a); % Norm/Länge des Vektors a
4  subspace(a,b); % Winkel zwischen den Richtungen von a und b
      im Bogenmaß
5  length(a); % Dimensionalität des Vektors a, d.h. Anzahl an
      Komponenten
```

B.6 Befehle für Matrizen

```
1  size(M); % Anzahl Zeilen und Spalten der Matrix M
2  size(M, 1); % Anzahl Zeilen der Matrix M
3  size(M, 2); % Anzahl Spalten der Matrix M
4  zeros(m,n); % Matrix mit Nullen (m Zeilen, n Spalten)
5  ones(m, n); % Matrix mit Einsen (m Zeilen, n Spalten)
6  eye(m, n); % Matrix mit Einsen auf der Diagonalen und sonst
      Nullen (m Zeilen, n Spalten)
7  [V, D] = eig(M); % Eigenvektoren und Eigenwerte der Matrix M
8  det(M) % Determinante von M
9  rank(M) % Rang von M
10 inv(M) % Inverse von M, äquivalent zu M^-1
11 pinv(M) % Pseudo-Inverse von M
12 null(M) % Nullraum von M
13 horzcat(M, N) % horizontales aneinanderhängen zweier
      Matrizen
14 rref(M) % Stufenform der Matrix M
15 mat2str(M) % Matrix als String
```

B.7 Befehle für Polynome

```
1  p=[2 0 -1]; % Polynom x^2-1
2  polyval(p, 5) % Wert von p für x=5
3  roots(p) % Nullstellen des Polynoms p
4  conv(p, q) % Ausmultiplizieren von p*q
5  [q,r] = deconv(p1, p2) % Polynomdivision von p1 durch p2 mit
       Restterm r
6  polyfit(x,y, 4) % Regression mit einem Polynom 4. Grades
7  residue(p1, p2) % Partialbruchzerlegung von p1 durch p2
8  poly([1 2 3]) % berechnet Polynom mit den Nullstellen x
       =1,2,3
9  poly2sym(p) % erzeugt symbolischen Ausdruck basierend auf
       Koeffizientenvektor p
10 sym2poly(p) % erzeugt Koeffizientenvektor basierend auf
       symbolischem Ausdruck p
```

B.8 Befehle für statistische Auswertungen

```
1  mean(data) % Mittelwert von data
2  median(data) % Median von data
3  std(data) % korrigierte Standardabweichung
4  std(data,1) % Standardabweichung
5  var(data) % korrigierte Stichprobenvarianz
6  var(data,1) % Stichprobenvarianz
7  max(data) % Maximum eines Vektors
8  min(data) % Minimum eines Vektors
9  sort(data) % Sortieren eines Vektors
10 max(max(data)) % Maximum einer Matrix
11 rand(m,n) % Matrix mit gleichverteilten Zufallszahlen
       zwischen 0 und 1 (m Zeilen, n Spalten)
12 randi(max, m,n) % Matrix mit gleichverteilten Ganzzahlen von
       1 bis max (m Zeilen, n Spalten)
13 randn(m,n) % Matrix mit normalverteilten Zufallszahlen mit
       Mittelwert 0 und Standardabweichung 1 (m Zeilen, n
       Spalten)
14 sum(data) % Summe der Komponenten eines Vektors
15 prod(data) % Produkt der Komponenten eines Vektors
```

B.9 Befehle für symbolisches Rechnen

```
1  syms('x') % definiert symbolische Variable x
2  pretty(2*x/(x^2+1)) % gibt einen symbolischen Ausdruck hü
       bsch aus
3  solve(x^2-1==0,x) % löst die Gleichung nach x auf
4  solve(x^2-1==0, x+y==2, [x y]) % löst das Gleichungssystem
       mit 2 Gleichungen
5  diff(f, x) % Ableitung von f nach x
```

```
6  diff(f, x, n) % n-te Ableitung von f nach x
7  int(f, x) % Stammfunktion von f
8  int(f, x, a, b) % Fläche unter f von a bis b
```

B.10 Befehle für Differentialgleichungen

```
1  dsolve(diff(f,t,1)+f==2, f(0)==2) % löst die DGL mit
     Anfangswert exakt
2  dsolve(eqn1, eqn2, f(0)==a, g(0)==b) % löst das System von
     DGL mit Anfangswerten exakt
3  ode45(@dgl1, [a b], 1) % löst die DGL im Intervall [a,b]
     numerisch
4  laplace(f) % Laplace-Transformation von f
5  laplace(diff(f,t,1)+f==2) % Laplace-Transformation einer DGL
6  ilaplace(F) % inverse Laplace-Transformation
7  subs(L, f(0), 2) % Substitution eines Symbols
8  subs(L, [k l], [2 4]) % Substitution eines Vektors von
     Symbolen
```

B.11 Befehle für Plots

```
1   plot(x, y, lineSpec) % Plotten der Koordinaten x, y mit
      einer Linienspezifikation
2   semilogy(x,y, lineSpec) % Plot mit logarithmischer y-Achse
3   semilogx(x,y, lineSpec) % Plot mit logarithmischer x-Achse
4   loglog(x,y, lineSpec) % Plot mit logarithmischen Achsen
5   bar(y) % Balkendiagramm
6   surf(x,y,z) % 3D-Oberfläche
7   mesh(x,y,z) % 3D-Gitter
8   xlim ([0 2*pi]); % Wertebereich der x-Achse
9   ylim ([-1.5 1.5]) ; % Wertebereich der y-Achse
10  xticks ([0, 1, 2 ]); % Markierungen auf der x-Achse
11  yticks ([0, 5, 10 ]); % Markierungen auf der y-Achse
12  xticklabels ({ '0' , '1' , '2' }) ; % Achsenbeschriftung x-
      Achse
13  yticklabels ({ '0mm' , '5mm' , '10mm' }) ; %
      Achsenbeschriftung y-Achse
14  grid('on') % Gitterlinien
15  figure; % öffnet neues Grafik-Fenster
16  hold('on') % weiterzeichnen im aktuellen Grafik-Fenster
17  legend({'sin(x)', 'cos(x)'}, 'Location', 'northwest'); %
      Legende oben links
18  subplot(m, n, pos); % Grafik-Fenster mit m Zeilen und n
      Spalten mit Subplot an Position pos
```

B.12 Kontrollstrukturen

Bedingte Anweisungen

```matlab
if a>5
    statements
elseif a==5
    statements
else
    statements
end
```

For-Schleife

```matlab
for n = 1:100
    statements
end
```

While-Schleife

```matlab
i=1;
while i<=100
    statements
end
```

Funktion in Datei myfunc.m

```matlab
function [y1, y2, ...] = myfunc(p1, p2, ...)
    statements
end
```